中国畜牧兽医统计

CHINA ANIMAL HUSBANDRY AND VETERINARY STATISTICS

2019

农业农村部畜牧兽医局
全国畜牧总站 编

中国农业出版社
农村读物出版社
北 京

编 委 会

Editorial Bord

编 者 说 明

一、《中国畜牧兽医统计 2019》是一本反映我国畜牧业生产情况的统计资料工具书。本书内容包括 9 个部分。第一部分为 2018 年畜牧业发展概况。第二部分为综合，第三部分为畜牧生产统计，两部分数据皆来源于国家统计局。第四部分为畜牧专业统计，数据由各省（自治区、直辖市）畜牧部门提供。第五部分为畜产品及饲料集市价格，数据来自全国 500 个县集贸市场调查点。第六部分为饲料产量，第七部分为生猪屠宰统计，两部分数据皆来源于农业农村部行业统计。第八部分为中国畜产品进出口统计，数据来源于海关总署。第九部分为 2017 年世界畜产品进出口情况，数据来源于联合国粮食及农业组织（FAO）统计数据。

二、本书所涉及的全国性统计指标未包括香港特别行政区、澳门特别行政区和台湾省数据。本书第八部分和第九部分的中国数据未包括香港特别行政区、澳门特别行政区和台湾省。

三、本书部分数据合计数或相对数由于单位取舍不同而产生的计算误差均未作机械调整。

四、有关符号的说明："空格"表示数据不详或无该项指标，"♯"表示分项之和不等于总项。

五、本书由《中国畜牧业统计》更名为《中国畜牧兽医统计》，卷号由数据年份更改为出版年份，2017 卷后接 2019 卷，无 2018 卷。

目　　录

九、2017 年世界畜产品进出口情况 ·········· 173

Contents

一、2018 年畜牧业发展概况

2018 年，各级畜牧兽医部门坚决贯彻落实党中央、国务院决策部署，紧扣高质量发展主题，继续深化畜牧业供给侧结构性改革，扎实抓好动物疫病防控和兽医卫生监管工作，不断推进畜牧业增产增收和提质提效。畜牧业综合生产能力总体稳固，畜禽养殖效益总体好于常年，饲料、兽药、生鲜乳、屠宰等重点领域的质量安全风险得到有效管控，全年未发生重大质量安全事件；产业转型升级持续推进，畜禽养殖规模化率达到 60.5%，比 2017 年提高 2 个百分点；畜牧业绿色发展取得积极进展，全国畜禽粪污综合利用率达到 70%；兽医卫生风险管控能力不断增强，非洲猪瘟疫情得到有效控制，其他重大动物疫病疫情形势平稳。

1. 畜牧业生产总体平稳

全国肉类总产量 8 624.6 万吨，同比下降 0.3%。其中，猪肉产量 5 403.7 万吨，同比下降 0.9%；牛肉产量 644.1 万吨，同比增长 1.5%；羊肉产量 475.1 万吨，同比增长 0.9%；禽肉产量 1 993.7 万吨，同比增长 0.6%；禽蛋产量 3 128.3 万吨，同比增长 1.0%；奶类产量 3 176.8 万吨，同比增长 0.9%。全国肉蛋奶总产量 1.49 亿吨以上，在当前畜牧业区域结构和产业链结构进行大调整、一些地方养殖场因环保压力减产较多的情况下，畜产品产量没有滑坡，畜牧业综合生产能力稳步提升，保障市场供应能力逐步增强。

2. 畜牧业生产结构不断优化

畜禽养殖规模化率达到 60.5%，同比上升 2 个百分点。其中，生猪、蛋鸡、肉鸡、肉羊、肉牛、奶牛养殖规模化率分别达到 49.1%、76.2%、80.7%、38%、26%、61.4%。规模以上生猪屠宰企业屠宰量 2.43 亿头，同比增长 9.3%。畜禽生产效率不断提升。成母牛平均单产达到 7.5 吨，同比提高 0.7 吨；育肥猪和肉牛平均出栏体重分别达到 124.1 千克和 540.4 千克，同比分别提高 2.3 千克和 9.1 千克。产业化龙头企业发展壮大，奶业 20 强市场占有率超过 50%，656 家年产 10 万吨以上饲料厂产量占比达到 49.7%。全国畜禽粪污资源化综合利用率超过 70%，养殖环境明显改善。全年完成粮改饲 92.87 万公顷，对优化"镰刀湾"地区种植结构和促进牛羊养殖节本增效效果显著。

3. 养殖行业持续盈利

全国出栏 1 头商品肥猪平均盈利 30 元，同比减少 140 元左右，在经历价格波动下行周期和非洲猪瘟疫情冲击的情况下，仍保持盈利水平；每只产蛋鸡全年平均养殖收益 27.3 元，同比增加 24.2 元，处于近年较高水平；出栏 1

只肉鸡平均盈利 3.2 元，同比增加 1.9 元，养殖效益明显回升；出栏 1 头 450 千克的肉牛平均盈利 2 180 元，同比增加 123 元；出栏 1 只 45 千克绵羊平均盈利 279 元，同比增加 10 元；出栏 1 只 30 千克山羊平均盈利 409 元，同比增加 103 元。畜禽养殖持续盈利，为农牧民增收和促进产业转型升级提供了有力支撑。

4. 畜产品质量安全水平持续向好

畜产品质量安全专项整治持续开展，质量安全监管体系不断强化，畜产品质量安全水平处于历史较高水平。全年畜产品抽检合格率达到 98.6%，全年未发生重大畜产品质量安全事件。饲料抽检合格率 93.2%，"瘦肉精"抽检合格率 99.7%，生鲜乳抽检合格率 99.9%，生鲜乳中三聚氰胺等违禁添加物抽检合格率连续 10 年保持 100%。生鲜乳中乳蛋白含量平均值 3.25%，脂肪含量平均值 3.84%，均达到奶业发达国家水平。兽用抗菌药综合治理成效明显，停止在食品动物中使用喹乙醇、氨苯胂酸、洛克沙胂等 3 种兽药，稳步推进药物饲料添加剂退出计划，在全国 100 家畜禽养殖场开展兽药使用减量化行动试点。

5. 重大动物疫情防控有力

我国首次发生非洲猪瘟疫情，面对突发疫情，采取切实有力措施，积极应对、妥善处置，所有已发的 99 起疫情均得到有效处置，没有发生二次扩散，防控工作取得阶段性成效。全年全国累计发生口蹄疫疫情 27 起、高致病禽流感疫情 13 起，均已得到有效处置。云南省顺利通过马传染性贫血消灭考核验收，全国马传染性贫血消灭进程进一步加快。布鲁氏菌病群体阳性率连续 3 年下降。全国 84.6% 的血吸虫病流行县达到传播阻断或消除标准，疫情降至历史最低水平。包虫病源头防控成效显著，畜间发病数下降 60%。全国 189 个动物疫病净化示范场和创建场通过评估，净化试点范围进一步扩大。

二、综　合

2-1　全国农林牧渔业总产值及比重

（按当年价格计算）

单位：亿元

年　份	农林牧渔业总产值	农业	比重（%）	林业	比重（%）	牧业	比重（%）	渔业	比重（%）
1952	461.0	396.0	85.9	7.3	1.6	51.7	11.2	6.1	1.3
1957	537.0	443.9	82.7	17.5	3.3	65.4	12.2	10.2	1.9
1962	584.0	494.7	84.7	13.0	2.2	63.8	10.9	12.6	2.2
1965	833.0	684.3	82.2	22.3	2.7	111.5	13.4	14.8	1.8
1970	1 021.0	838.4	82.1	28.6	2.8	136.6	13.4	17.4	1.7
1975	1 260.0	1 020.5	81.0	39.2	3.1	178.4	14.2	21.9	1.7
1978	1 397.0	1 117.6	80.0	48.1	3.4	209.3	15.0	22.1	1.6
1980	1 922.6	1 454.1	75.6	81.4	4.2	354.2	18.4	32.9	1.7
1985	3 619.5	2 506.4	69.2	188.7	5.2	798.3	22.1	126.1	3.5
1990	7 662.1	4 954.3	64.7	330.3	4.3	1 967.0	25.7	410.6	5.4
1991	8 157.0	5 146.4	63.1	367.9	4.5	2 159.2	26.5	483.5	5.9
1992	9 084.7	5 588.0	61.5	422.6	4.7	2 460.5	27.1	613.5	6.8
1993	10 995.5	6 605.1	60.1	494.0	4.5	3 014.4	27.4	882.0	8.0
1994	15 750.5	9 169.2	58.2	611.1	3.9	4 672.0	29.7	1 298.2	8.2
1995	20 340.9	11 884.6	58.4	709.9	3.5	6 045.0	29.7	1 701.3	8.4
1996	22 353.7	13 539.8	60.6	778.0	3.5	6 015.5	26.9	2 020.4	9.0
1997	23 788.4	13 852.5	58.2	817.6	3.4	6 835.4	28.7	2 282.7	9.6
1998	24 541.9	14 241.9	58.0	851.3	3.5	7 025.8	28.6	2 422.9	9.9
1999	24 519.1	14 106.2	57.5	886.3	3.6	6 997.6	28.5	2 529.0	10.3
2000	24 915.8	13 873.6	55.7	936.5	3.8	7 393.1	29.7	2 712.6	10.9
2001	26 179.6	14 462.8	55.2	938.8	3.6	7 963.1	30.4	2 815.0	10.8
2002	27 390.8	14 931.5	54.5	1 033.5	3.8	8 454.6	30.9	2 971.2	10.8
2003	29 691.8	14 870.1	50.1	1 239.9	4.2	9 538.8	32.1	3 137.6	10.6
2004	36 239.0	18 138.4	50.1	1 327.1	3.7	12 173.8	33.6	3 605.6	9.9
2005	39 450.9	19 613.4	49.7	1 425.5	3.6	13 310.6	33.7	4 016.1	10.2
2006	40 810.8	21 522.3	52.7	1 610.8	3.9	12 083.9	29.6	3 970.5	9.7
2007	48 651.8	24 444.7	50.2	1 889.9	3.9	16 068.6	33.0	4 427.9	9.1
2008	57 420.8	27 679.9	48.2	2 180.3	3.8	20 354.2	35.4	5 137.5	8.9
2009	59 331.3	29 983.8	50.6	2 324.4	3.9	19 184.6	32.3	5 514.7	9.3
2010	67 763.1	35 909.1	53.0	2 575.0	3.8	20 461.1	30.2	6 263.4	9.2
2011	78 837.0	40 339.6	51.2	3 092.4	3.9	25 194.2	32.0	7 337.4	9.3
2012	86 342.2	44 845.7	51.9	3 407.0	3.9	26 491.2	30.7	8 403.9	9.7
2013	93 173.7	48 943.9	52.5	3 847.4	4.1	27 572.4	29.6	9 254.5	9.9
2014	97 822.5	51 851.1	53.0	4 190.0	4.3	27 963.4	28.6	9 877.5	10.1
2015	101 893.5	54 205.3	53.2	4 358.4	4.3	28 649.6	28.1	10 339.1	10.1
2016	106 478.7	55 659.9	52.3	4 635.9	4.4	30 461.2	28.6	10 892.9	10.2
2017	109 331.7	58 059.8	53.1	4 980.6	4.6	29 361.2	26.9	11 577.1	10.6
2018	113 579.5	61 452.6	54.1	5 432.6	4.8	28 697.4	25.3	12 131.5	10.7

注：1. 2009年按照新的《统计用产品分类目录》对数据进行了调整（后同）。

2. 依据第三次全国农业普查结果，2007—2016年农林牧渔业总产值数据进行了修订（后同）。

2-2　农林牧渔业总产值、增加值、中间消耗及构成
（按当年价格计算）

指标	总产值	增加值	中间消耗	#农林牧渔业物质消耗	#农林牧渔业生产服务支出
绝对数（亿元）					
农林牧渔业合计	**113 579.5**	**67 540.0**	**46 039.5**	**38 153.7**	**7 885.8**
农业#	61 452.6	39 610.3	21 842.3	17 718.0	4 124.3
林业#	5 432.6	3 543.7	1 888.9	1 390.6	498.2
牧业#	28 697.4	14 251.7	14 445.7	13 275.6	1 170.2
渔业#	12 131.5	7 331.8	4 799.7	3 902.0	897.7
构成（%）					
农林牧渔业合计	**100.0**	**100.0**	**100.0**	**100.0**	**100.0**
农业#	54.1	58.6	47.4	46.4	52.3
林业#	4.8	5.2	4.1	3.6	6.3
牧业#	25.3	21.1	31.4	34.8	14.8
渔业#	10.7	10.9	10.4	10.2	11.4

2-3　各地区农林牧渔业总产值、增加值和中间消耗

（按当年价格计算）

单位：亿元

地　区	农林牧渔业			农　业		
	总产值	增加值	中间消耗	总产值	增加值	中间消耗
全国总计	113 579.5	67 540.0	46 039.5	61 452.6	39 610.3	21 842.3
北　京	296.8	121.1	175.7	114.7	51.1	63.7
天　津	390.5	180.6	209.9	197.2	96.8	100.4
河　北	5 707.0	3 521.7	2 185.3	3 085.9	2 141.9	944.0
山　西	1 460.6	788.1	672.5	894.9	510.1	384.9
内 蒙 古	2 985.3	1 779.5	1 205.8	1 512.5	988.4	524.1
辽　宁	4 061.9	2 109.0	1 952.9	1 749.4	991.0	758.4
吉　林	2 184.3	1 204.8	979.5	993.0	598.3	394.8
黑 龙 江	5 624.3	3 079.9	2 544.3	3 635.0	2 237.7	1 397.2
上　海	289.6	111.2	178.4	150.1	63.3	86.8
江　苏	7 192.5	4 429.4	2 763.1	3 735.0	2 673.3	1 061.7
浙　江	3 157.3	2 017.9	1 139.3	1 518.0	1 088.4	429.6
安　徽	4 672.7	2 775.4	1 897.3	2 253.7	1 432.8	820.9
福　建	4 229.5	2 463.7	1 765.9	1 653.4	1 031.2	622.2
江　西	3 148.6	1 947.5	1 201.1	1 549.2	993.1	556.1
山　东	9 397.4	5 272.5	4 124.9	4 678.3	2 907.4	1 770.9
河　南	7 757.9	4 500.5	3 257.4	4 973.7	2 917.7	2 056.0
湖　北	6 207.8	3 733.6	2 474.2	3 033.8	2 008.9	1 024.9
湖　南	5 361.6	3 265.9	2 095.7	2 664.3	1 856.6	807.7
广　东	6 318.1	3 946.5	2 371.6	3 089.6	2 160.0	929.6
广　西	4 909.2	3 116.4	1 792.9	2 717.5	1 865.5	851.9
海　南	1 535.7	1 020.2	515.6	729.5	480.8	248.7
重　庆	2 052.4	1 405.0	647.4	1 292.7	963.8	328.9
四　川	7 195.6	4 543.6	2 652.1	4 153.7	2 923.8	1 230.0
贵　州	3 619.5	2 272.7	1 346.8	2 288.7	1 439.3	849.4
云　南	4 108.9	2 552.6	1 556.3	2 234.7	1 498.8	735.9
西　藏	195.5	132.2	63.3	88.1	58.3	29.8
陕　西	3 240.0	1 927.3	1 312.7	2 245.0	1 380.8	864.2
甘　肃	1 659.4	962.1	697.2	1 166.1	699.7	466.4
青　海	405.9	272.0	134.0	169.2	99.8	69.4
宁　夏	575.8	296.1	279.7	344.6	194.1	150.5
新　疆	3 637.8	1 791.0	1 846.8	2 541.2	1 257.8	1 283.4

2-3 续　表

单位：亿元

地　区	林　业			牧　业			渔　业		
	总产值	增加值	中间消耗	总产值	增加值	中间消耗	总产值	增加值	中间消耗
全国总计	5 432.6	3 543.7	1 888.9	28 697.4	14 251.7	14 445.7	12 131.5	7 331.8	4 799.7
北　京	95.1	44.9	50.2	72.0	20.5	51.5	6.1	2.2	4.0
天　津	12.7	7.4	5.4	95.8	35.8	60.0	71.1	35.4	35.8
河　北	186.6	120.4	66.2	1 813.8	944.1	869.7	207.5	131.6	75.9
山　西	99.9	46.0	53.9	361.5	180.9	180.6	6.9	3.7	3.1
内 蒙 古	100.3	70.1	30.2	1 294.3	672.5	621.8	29.2	19.4	9.8
辽　宁	149.5	69.5	80.0	1 346.2	558.2	788.0	628.5	401.9	226.6
吉　林	73.3	44.6	28.7	1 001.6	494.1	507.6	39.0	23.9	15.1
黑 龙 江	186.4	97.5	88.9	1 542.4	612.9	929.5	105.7	52.9	52.8
上　海	15.8	5.6	10.2	48.3	13.8	34.5	56.2	21.6	34.6
江　苏	147.3	82.9	64.3	1 091.3	447.3	644.0	1 707.9	938.1	769.8
浙　江	177.0	127.8	49.2	331.8	148.0	183.8	1 043.3	610.3	433.0
安　徽	332.9	230.0	102.9	1 315.8	640.4	675.5	505.7	334.8	170.8
福　建	389.0	246.4	142.6	718.4	369.0	349.4	1 318.2	731.8	586.4
江　西	319.6	220.2	99.3	672.2	356.2	315.9	473.9	307.7	166.2
山　东	181.6	130.4	51.3	2 432.7	1 039.6	1 393.1	1 425.9	873.2	552.7
河　南	129.0	74.4	54.6	2 067.7	1 237.9	829.8	122.7	80.4	42.3
湖　北	235.2	128.6	106.6	1 386.5	736.2	650.3	1 106.0	673.8	432.2
湖　南	387.1	287.4	99.7	1 464.6	668.1	796.5	417.2	271.5	145.7
广　东	390.6	291.4	99.2	1 184.7	555.7	629.0	1 383.8	828.2	555.6
广　西	379.9	284.4	95.5	1 072.3	529.0	543.3	504.3	342.2	162.1
海　南	110.4	73.4	37.0	245.3	146.7	98.6	387.4	284.9	102.5
重　庆	101.1	73.3	27.8	520.1	263.6	256.4	100.4	77.5	22.9
四　川	358.7	227.0	131.8	2 246.1	1 126.6	1 119.5	247.9	149.4	98.6
贵　州	253.3	174.7	78.6	846.3	507.6	338.7	54.8	34.5	20.3
云　南	396.9	265.1	131.8	1 237.1	676.0	561.2	98.3	58.8	39.5
西　藏	3.2	2.2	1.0	98.4	67.6	30.8	0.3	0.3	0.1
陕　西	104.6	62.5	42.1	682.8	370.2	312.6	29.8	16.7	13.1
甘　肃	33.1	15.0	18.0	318.9	209.7	109.1	2.0	1.4	0.6
青　海	10.4	6.3	4.1	216.0	159.2	56.8	3.6	2.8	0.8
宁　夏	9.2	3.3	6.0	176.1	74.4	101.7	19.7	7.6	12.1
新　疆	62.7	31.0	31.7	796.4	390.0	406.4	28.1	13.3	14.8

2-4 各地区分部门农林牧渔业总产值构成

（按当年价格计算）

单位:%

地 区	合 计	农 业#	林 业#	牧 业#	渔 业#
全国总计	100.0	54.1	4.8	25.3	10.7
北 京	100.0	38.7	32.1	24.3	2.1
天 津	100.0	50.5	3.3	24.5	18.2
河 北	100.0	54.1	3.3	31.8	3.6
山 西	100.0	61.3	6.8	24.8	0.5
内 蒙 古	100.0	50.7	3.4	43.4	1.0
辽 宁	100.0	43.1	3.7	33.1	15.5
吉 林	100.0	45.5	3.4	45.9	1.8
黑 龙 江	100.0	64.6	3.3	27.4	1.9
上 海	100.0	51.8	5.5	16.7	19.4
江 苏	100.0	51.9	2.0	15.2	23.7
浙 江	100.0	48.1	5.6	10.5	33.0
安 徽	100.0	48.2	7.1	28.2	10.8
福 建	100.0	39.1	9.2	17.0	31.2
江 西	100.0	49.2	10.1	21.3	15.1
山 东	100.0	49.8	1.9	25.9	15.2
河 南	100.0	64.1	1.7	26.7	1.6
湖 北	100.0	48.9	3.8	22.3	17.8
湖 南	100.0	49.7	7.2	27.3	7.8
广 东	100.0	48.9	6.2	18.8	21.9
广 西	100.0	55.4	7.7	21.8	10.3
海 南	100.0	47.5	7.2	16.0	25.2
重 庆	100.0	63.0	4.9	25.3	4.9
四 川	100.0	57.7	5.0	31.2	3.4
贵 州	100.0	63.2	7.0	23.4	1.5
云 南	100.0	54.4	9.7	30.1	2.4
西 藏	100.0	45.1	1.6	50.3	0.2
陕 西	100.0	69.3	3.2	21.1	0.9
甘 肃	100.0	70.3	2.0	19.2	0.1
青 海	100.0	41.7	2.6	53.2	0.9
宁 夏	100.0	59.9	1.6	30.6	3.4
新 疆	100.0	69.9	1.7	21.9	0.8

2－5 各地区分部门农林牧渔业增加值构成

（按当年价格计算）

单位：%

地 区	合 计	农 业#	林 业#	牧 业#	渔 业#
全国总计	**100.0**	**58.6**	**5.2**	**21.1**	**10.9**
北 京	100.0	42.2	37.1	16.9	1.8
天 津	100.0	53.6	4.1	19.8	19.6
河 北	100.0	60.8	3.4	26.8	3.7
山 西	100.0	64.7	5.8	23.0	0.5
内 蒙 古	100.0	55.5	3.9	37.8	1.1
辽 宁	100.0	47.0	3.3	26.5	19.1
吉 林	100.0	49.6	3.7	41.0	2.0
黑 龙 江	100.0	72.7	3.2	19.9	1.7
上 海	100.0	56.9	5.0	12.4	19.4
江 苏	100.0	60.4	1.9	10.1	21.2
浙 江	100.0	53.9	6.3	7.3	30.2
安 徽	100.0	51.6	8.3	23.1	12.1
福 建	100.0	41.9	10.0	15.0	29.7
江 西	100.0	51.0	11.3	18.3	15.8
山 东	100.0	55.1	2.5	19.7	16.6
河 南	100.0	64.8	1.7	27.5	1.8
湖 北	100.0	53.8	3.4	19.7	18.0
湖 南	100.0	56.8	8.8	20.5	8.3
广 东	100.0	54.7	7.4	14.1	21.0
广 西	100.0	59.9	9.1	17.0	11.0
海 南	100.0	47.1	7.2	14.4	27.9
重 庆	100.0	68.6	5.2	18.8	5.5
四 川	100.0	64.3	5.0	24.8	3.3
贵 州	100.0	63.3	7.7	22.3	1.5
云 南	100.0	58.7	10.4	26.5	2.3
西 藏	100.0	44.1	1.6	51.1	0.2
陕 西	100.0	71.6	3.2	19.2	0.9
甘 肃	100.0	72.7	1.6	21.8	0.1
青 海	100.0	36.7	2.3	58.5	1.0
宁 夏	100.0	65.6	1.1	25.1	2.6
新 疆	100.0	70.2	1.7	21.8	0.7

2-6　各地区分部门农林牧渔业增加值率

（以该部门总产值为 100）

单位：%

地　区	农林牧渔业	农　业	林　业	牧　业	渔　业
全国总计	**59.5**	**64.5**	**65.2**	**49.7**	**60.4**
北　　京	40.8	44.5	47.2	28.5	35.1
天　　津	46.2	49.1	57.9	37.3	49.7
河　　北	61.7	69.4	64.5	52.0	63.4
山　　西	54.0	57.0	46.0	50.0	54.4
内　蒙　古	59.6	65.4	69.9	52.0	66.4
辽　　宁	51.9	56.7	46.5	41.5	63.9
吉　　林	55.2	60.2	60.8	49.3	61.3
黑　龙　江	54.8	61.6	52.3	39.7	50.0
上　　海	38.4	42.2	35.3	28.5	38.4
江　　苏	61.6	71.6	56.3	41.0	54.9
浙　　江	63.9	71.7	72.2	44.6	58.5
安　　徽	59.4	63.6	69.1	48.7	66.2
福　　建	58.2	62.4	63.3	51.4	55.5
江　　西	61.9	64.1	68.9	53.0	64.9
山　　东	56.1	62.1	71.8	42.7	61.2
河　　南	58.0	58.7	57.6	59.9	65.6
湖　　北	60.1	66.2	54.7	53.1	60.9
湖　　南	60.9	69.7	74.2	45.6	65.1
广　　东	62.5	69.9	74.6	46.9	59.9
广　　西	63.5	68.6	74.9	49.3	67.8
海　　南	66.4	65.9	66.5	59.8	73.5
重　　庆	68.5	74.6	72.5	50.7	77.2
四　　川	63.1	70.4	63.3	50.2	60.3
贵　　州	62.8	62.9	69.0	60.0	63.0
云　　南	62.1	67.1	66.8	54.6	59.8
西　　藏	67.6	66.1	68.2	68.7	75.1
陕　　西	59.5	61.5	59.8	54.2	56.0
甘　　肃	58.0	60.0	45.5	65.8	70.3
青　　海	67.0	59.0	60.7	73.7	77.5
宁　　夏	51.4	56.3	35.4	42.2	38.7
新　　疆	49.2	49.5	49.4	49.0	47.4

2-7　各地区分部门农林牧渔业中间消耗构成

（按当年价格计算）

单位：%

地　区	合　计	农　业	林　业	牧　业	渔　业	农林牧渔服务业
全国总计	**100.0**	**47.4**	**4.1**	**31.4**	**10.4**	**6.7**
北　京	100.0	36.2	28.6	29.3	2.3	3.6
天　津	100.0	47.8	2.6	28.6	17.0	4.0
河　北	100.0	43.2	3.0	39.8	3.5	10.5
山　西	100.0	57.2	8.0	26.9	0.5	7.4
内　蒙　古	100.0	43.5	2.5	51.6	0.8	1.6
辽　宁	100.0	38.8	4.1	40.3	11.6	5.1
吉　林	100.0	40.3	2.9	51.8	1.5	3.4
黑　龙　江	100.0	54.9	3.5	36.5	2.1	3.0
上　海	100.0	48.7	5.7	19.4	19.4	6.8
江　苏	100.0	38.4	2.3	23.3	27.9	8.1
浙　江	100.0	37.7	4.3	16.1	38.0	3.8
安　徽	100.0	43.3	5.4	35.6	9.0	6.7
福　建	100.0	35.2	8.1	19.8	33.2	3.7
江　西	100.0	46.3	8.3	26.3	13.8	5.3
山　东	100.0	42.9	1.2	33.8	13.4	8.7
河　南	100.0	63.1	1.7	25.5	1.3	8.4
湖　北	100.0	41.4	4.3	26.3	17.5	10.5
湖　南	100.0	38.5	4.8	38.0	7.0	11.7
广　东	100.0	39.2	4.2	26.5	23.4	6.7
广　西	100.0	47.5	5.3	30.3	9.0	7.8
海　南	100.0	48.2	7.2	19.1	19.9	5.6
重　庆	100.0	50.8	4.3	39.6	3.5	1.8
四　川	100.0	46.4	5.0	42.2	3.7	2.7
贵　州	100.0	63.1	5.8	25.1	1.5	4.4
云　南	100.0	47.3	8.5	36.1	2.5	5.7
西　藏	100.0	47.1	1.6	48.6	0.1	2.5
陕　西	100.0	65.8	3.2	23.8	1.0	6.1
甘　肃	100.0	66.9	2.6	15.7	0.1	14.8
青　海	100.0	51.8	3.1	42.4	0.6	2.1
宁　夏	100.0	53.8	2.1	36.4	4.3	3.4
新　疆	100.0	69.5	1.7	22.0	0.8	6.0

2-8　各地区畜牧业分项产值

（按当年价格计算）

单位：亿元

地　区	牧业产值	牲畜饲养	牛#	羊#	奶产品#
全国总计	28 697.4	7 951.6	3 526.4	2 574.4	1 285.3
北　　京	72.0	22.8	6.9	3.7	11.6
天　　津	95.8	36.2	15.0	4.4	16.5
河　　北	1 813.8	605.3	277.0	191.6	127.2
山　　西	361.5	143.4	47.7	58.5	28.2
内　蒙　古	1 294.3	1 050.6	248.7	544.2	195.0
辽　　宁	1 346.2	469.1	246.3	64.2	60.4
吉　　林	1 001.6	406.1	348.9	37.0	12.0
黑　龙　江	1 542.4	689.4	285.7	137.6	206.2
上　　海	48.3	18.9	1.8	2.0	15.1
江　　苏	1 091.3	94.5	12.5	59.7	18.5
浙　　江	331.8	27.7	4.0	12.6	8.4
安　　徽	1 315.8	169.6	54.5	102.9	10.5
福　　建	718.4	49.3	17.5	17.8	14.0
江　　西	672.2	56.4	34.3	11.4	5.6
山　　东	2 432.7	447.5	213.3	118.6	108.1
河　　南	2 067.7	626.7	236.5	163.3	69.1
湖　　北	1 386.5	207.7	122.4	78.0	5.9
湖　　南	1 464.6	124.1	64.7	55.7	3.6
广　　东	1 184.7	35.0	14.7	8.5	11.8
广　　西	1 072.3	87.6	72.3	10.5	4.7
海　　南	245.3	31.6	24.3	7.2	0.2
重　　庆	520.1	73.3	38.7	32.2	2.4
四　　川	2 246.1	326.8	152.0	145.6	24.8
贵　　州	846.3	227.8	167.9	56.7	2.7
云　　南	1 237.1	411.3	284.1	103.1	20.8
西　　藏	98.4	94.0	57.2	16.9	13.4
陕　　西	682.8	274.4	70.8	98.9	91.9
甘　　肃	318.9	201.1	95.7	82.8	16.8
青　　海	216.0	190.6	82.2	74.5	30.8
宁　　夏	176.1	139.9	43.9	40.3	51.7
新　　疆	796.4	612.8	184.7	234.2	97.3

2-8　续　　表

单位：亿元

地　区	猪的饲养	家禽饲养	肉禽#	禽蛋#	狩猎和捕猎动物	其他畜牧业
全国总计	**11 202. 7**	**8 162. 7**	**4 864. 4**	**3 289. 7**	**46. 0**	**1 334. 4**
北　　京	28. 0	18. 7	5. 3	13. 4		2. 5
天　　津	37. 5	22. 0	7. 2	14. 7		0. 1
河　　北	600. 0	448. 3	119. 1	329. 2		160. 2
山　　西	105. 9	106. 4	22. 6	83. 9	0. 0	5. 8
内　蒙　古	138. 9	100. 3	44. 0	54. 4		4. 5
辽　　宁	284. 5	580. 1	406. 3	173. 8	0. 6	11. 9
吉　　林	243. 3	327. 7	188. 2	139. 5		24. 6
黑　龙　江	371. 3	341. 0	221. 7	119. 4		140. 7
上　　海	21. 9	7. 4	2. 8	3. 1		0. 2
江　　苏	417. 1	459. 5	242. 0	215. 0	1. 0	119. 1
浙　　江	179. 2	80. 6	49. 2	31. 4	2. 6	41. 7
安　　徽	589. 9	462. 3	274. 0	188. 2	7. 1	87. 0
福　　建	236. 2	411. 1	350. 3	60. 9	3. 4	18. 4
江　　西	332. 5	261. 5	190. 8	70. 7	3. 0	18. 8
山　　东	950. 4	870. 4	440. 8	429. 5	2. 0	162. 4
河　　南	881. 1	514. 3	168. 5	342. 9	10. 0	35. 6
湖　　北	809. 4	357. 5	175. 7	181. 8	0. 0	11. 9
湖　　南	970. 3	330. 4	139. 0	191. 4	10. 4	29. 3
广　　东	595. 9	455. 8	411. 8	44. 0	4. 1	93. 9
广　　西	496. 0	323. 6	302. 5	21. 1		165. 1
海　　南	110. 0	99. 4	93. 0	6. 4	1. 1	3. 2
重　　庆	244. 4	175. 9	128. 2	47. 7		26. 5
四　　川	954. 0	880. 5	551. 9	328. 6		84. 8
贵　　州	468. 4	147. 5	120. 5	27. 0	0. 1	2. 4
云　　南	630. 7	162. 5	119. 1	43. 4	0. 0	32. 6
西　　藏	3. 1	1. 3	0. 8	0. 4		0. 0
陕　　西	278. 1	105. 7	42. 7	63. 0	0. 5	24. 1
甘　　肃	96. 8	19. 1	7. 3	11. 8		1. 8
青　　海	19. 3	5. 2	2. 8	2. 8	0. 1	0. 8
宁　　夏	16. 1	19. 2	7. 5	11. 7		1. 0
新　　疆	92. 5	67. 6	29. 1	38. 5		23. 5

2-9　全国饲养业产品成本与收益

项　目	单位	生猪平均		规模养猪平均		农户散养生猪	
		2018 年	2017 年	2018 年	2017 年	2018 年	2017 年
每头（百只）							
主产品产量	千克	122.58	120.76	122.62	120.80	122.53	120.72
产值合计	元	1 616.30	1 834.48	1 595.15	1 842.18	1 637.45	1 826.77
主产品产值	元	1 602.44	1 820.32	1 583.32	1 829.83	1 621.56	1 810.81
副产品产值	元	13.86	14.16	11.83	12.35	15.89	15.96
总成本	元	1 728.87	1 867.05	1 584.93	1 726.94	1 872.97	2 006.98
生产成本	元	1 727.35	1 865.67	1 582.04	1 724.36	1 872.83	2 006.80
物质与服务费用	元	1 388.68	1 528.43	1 403.01	1 546.82	1 374.27	1 509.95
人工成本	元	338.67	337.24	179.03	177.54	498.56	496.85
家庭用工折价	元	312.40	310.79	126.49	124.65	498.56	496.85
雇工费用	元	26.27	26.45	52.54	52.89	0.00	0.00
土地成本	元	1.52	1.38	2.89	2.58	0.14	0.18
净利润	元	−112.57	−32.57	10.22	115.24	−235.52	−180.21
成本利润率	%	−6.51	−1.74	0.65	6.67	−12.57	−8.98
每50千克主产品							
平均出售价格	元	653.63	753.69	645.62	757.38	661.70	750.00
总成本	元	699.15	767.07	641.48	710.00	756.87	823.99
生产成本	元	698.54	766.51	640.31	708.94	756.82	823.92
净利润	元	−45.52	−13.38	4.14	47.38	−95.17	−73.99
附：							
每核算单位用工数量	日	3.95	4.02	2.03	2.06	5.87	5.98
平均饲养天数	日	158.38	156.46	150.55	149.06	166.21	163.85

2-9 续表 1

项 目	单位	奶牛平均		规模奶牛平均		农户散养奶牛	
		2018 年	2017 年	2018 年	2017 年	2018 年	2017 年
每头（百只）							
主产品产量	千克	5 974.02	5 775.74	6 547.12	6 330.38	5 400.91	5 221.09
产值合计	元	25 350.44	24 037.30	27 877.79	26 492.07	22 823.08	21 582.52
主产品产值	元	22 929.48	21 795.95	25 273.33	24 033.98	20 585.63	19 557.92
副产品产值	元	2 420.96	2 241.35	2 604.46	2 458.09	2 237.45	2 024.60
总成本	元	19 202.88	18 650.76	21 246.04	20 813.99	17 159.37	16 486.80
生产成本	元	19 145.26	18 595.06	21 172.05	20 740.01	17 118.12	16 449.39
物质与服务费用	元	15 533.08	15 049.72	18 014.14	17 590.44	13 051.93	12 508.93
人工成本	元	3 612.18	3 545.34	3 157.91	3 149.57	4 066.19	3 940.46
家庭用工折价	元	2 601.88	2 446.46	1 200.34	995.54	4 003.16	3 896.73
雇工费用	元	1 010.30	1 098.88	1 957.57	2 154.03	63.03	43.73
土地成本	元	57.62	55.70	73.99	73.98	41.25	37.41
净利润	元	6 147.56	5 386.54	6 631.75	5 678.08	5 663.71	5 095.72
成本利润率	%	32.01	28.88	31.21	27.28	33.01	30.91
每 50 千克主产品							
平均出售价格	元	191.91	188.69	193.01	189.83	190.58	187.30
总成本	元	145.37	146.41	147.10	149.14	143.29	143.08
生产成本	元	144.94	145.97	146.58	148.61	142.94	142.75
净利润	元	46.54	42.28	45.91	40.69	47.29	44.22
附：							
每核算单位用工数量	日	39.69	39.47	31.65	31.62	47.72	47.30
平均饲养天数	日	365.00	365.00	365.00	365.00	365.00	365.00

2-9　续表 2

项　　目	单位	规模养殖蛋鸡平均		规模养殖肉鸡平均	
		2018 年	2017 年	2018 年	2017 年
每头（百只）					
主产品产量	千克	1 774.07	1 760.80	247.19	230.16
产值合计	元	16 084.50	13 654.98	3 219.31	2 643.14
主产品产值	元	14 129.65	11 786.31	3 192.73	2 615.60
副产品产值	元	1 954.85	1 868.67	26.58	27.54
总成本	元	14 792.81	14 220.14	2 769.38	2 495.51
生产成本	元	14 775.11	14 190.04	2 764.30	2 489.99
物质与服务费用	元	13 454.19	12 887.99	2 447.69	2 205.81
人工成本	元	1 320.92	1 302.05	316.61	284.18
家庭用工折价	元	971.99	944.85	264.01	237.67
雇工费用	元	348.93	357.20	52.60	46.51
土地成本	元	17.70	30.10	5.08	5.52
净利润	元	1 291.69	−565.16	449.93	147.63
成本利润率	％	8.73	−3.97	16.25	5.92
每 50 千克主产品					
平均出售价格	元	398.23	334.69	645.80	568.21
总成本	元	366.25	348.54	555.54	536.47
生产成本	元	365.81	347.80	554.52	535.29
净利润	元	31.98	−13.85	90.26	31.74
附：					
每核算单位用工数量	日	14.63	14.84	3.57	3.30
平均饲养天数	日	358.65	357.74	73.82	73.61

2-10 各地区主要畜产品产量及人均占有量位次

单位：万吨、千克/人

地 区	肉类总产量		肉类人均占有量		猪肉产量		猪肉人均占有量	
	绝对数	位次	绝对数	位次	绝对数	位次	绝对数	位次
全国总计	**8 624.6**		**61.9**		**5 403.7**		**38.8**	
北　京	17.5	30	8.1	30	13.5	27	6.3	29
天　津	33.9	28	21.7	28	21.2	26	13.6	26
河　北	466.7	5	61.9	18	286.3	7	38.0	16
山　西	93.1	24	25.1	27	62.5	22	16.8	23
内　蒙　古	267.3	14	105.6	1	71.8	21	28.4	18
辽　宁	377.1	11	86.4	5	210.1	12	48.1	9
吉　林	253.6	16	93.6	2	127.0	17	46.8	10
黑　龙　江	247.5	17	65.5	16	149.9	15	39.6	14
上　海	13.5	31	5.6	31	11.3	28	4.7	30
江　苏	328.5	12	40.9	23	205.5	13	25.6	19
浙　江	104.6	22	18.4	29	74.0	20	13.0	27
安　徽	421.7	10	67.1	14	243.9	11	38.8	15
福　建	256.1	15	65.2	17	113.1	18	28.8	17
江　西	325.7	13	70.3	12	246.3	10	53.1	6
山　东	854.7	1	85.2	7	421.0	4	42.0	13
河　南	669.4	2	69.9	13	479.0	2	50.0	7
湖　北	430.9	7	72.9	11	333.2	5	56.4	4
湖　南	541.7	4	78.7	10	446.8	3	64.9	2
广　东	449.9	6	40.0	24	281.5	8	25.0	20
广　西	426.8	9	87.0	4	263.9	9	53.8	5
海　南	79.9	25	85.9	6	45.6	24	49.1	8
重　庆	182.3	19	59.0	21	132.2	16	42.8	12
四　川	664.7	3	79.9	9	481.2	1	57.8	3
贵　州	213.7	18	59.5	20	164.5	14	45.9	11
云　南	427.2	8	88.7	3	323.8	6	67.2	1
西　藏	28.4	29	83.4	8	1.0	31	3.1	31
陕　西	114.5	21	29.7	26	86.6	19	22.5	21
甘　肃	101.2	23	38.5	25	50.6	23	19.2	22
青　海	36.5	26	60.8	19	9.2	29	15.2	25
宁　夏	34.1	27	49.8	22	8.8	30	12.9	28
新　疆	162.0	20	65.7	15	38.1	25	15.4	24

2－10 续表1

单位：万吨、千克/人

地 区	牛肉产量		牛肉人均占有量		羊肉产量		羊肉人均占有量	
	绝对数	位次	绝对数	位次	绝对数	位次	绝对数	位次
全国总计	**644.1**		**4.6**		**475.1**		**3.4**	
北 京	0.9	30	0.4	27	0.6	30	0.3	29
天 津	2.9	25	1.8	23	1.2	28	0.8	24
河 北	56.5	3	7.5	10	30.5	4	4.1	7
山 西	6.5	23	1.8	24	8.1	16	2.2	15
内 蒙 古	61.4	2	24.3	2	106.3	1	42.0	1
辽 宁	27.5	10	6.3	12	6.6	19	1.5	20
吉 林	40.7	6	15.0	6	4.6	22	1.7	18
黑 龙 江	42.6	4	11.3	7	12.5	12	3.3	10
上 海	0.0	31	0.0	31	0.3	31	0.1	31
江 苏	2.8	26	0.4	29	7.8	17	1.0	23
浙 江	1.2	29	0.2	30	2.3	24	0.4	28
安 徽	8.7	20	1.4	25	17.1	9	2.7	13
福 建	1.9	27	0.5	26	2.0	26	0.5	26
江 西	12.5	17	2.7	16	2.1	25	0.5	27
山 东	76.4	1	7.6	9	36.8	3	3.7	9
河 南	34.8	8	3.6	15	26.9	5	2.8	12
湖 北	15.8	15	2.7	17	9.7	14	1.6	19
湖 南	17.9	14	2.6	18	14.9	10	2.2	17
广 东	4.1	24	0.4	28	2.0	27	0.2	30
广 西	12.3	18	2.5	19	3.4	23	0.7	25
海 南	1.9	28	2.1	22	1.1	29	1.2	22
重 庆	7.2	22	2.3	20	6.8	18	2.2	16
四 川	34.5	9	4.1	14	26.3	6	3.2	11
贵 州	19.9	13	5.5	13	5.0	21	1.4	21
云 南	36.0	7	7.5	11	18.6	8	3.9	8
西 藏	20.9	12	61.3	1	5.9	20	17.2	4
陕 西	8.2	21	2.1	21	9.6	15	2.5	14
甘 肃	21.4	11	8.1	8	23.6	7	9.0	6
青 海	13.2	16	21.9	3	13.1	11	21.8	3
宁 夏	11.5	19	16.8	5	9.9	13	14.5	5
新 疆	42.0	5	17.0	4	59.4	2	24.1	2

2－10　续表 2

单位：万吨、千克/人

地　区	禽肉产量		禽肉人均占有量		牛奶产量	
	绝对数	位次	绝对数	位次	绝对数	位次
全国总计	**1 993.7**		**14.3**		**3 074.6**	
北　　京	2.3	28	1.1	30	31.1	20
天　　津	8.5	25	5.5	22	48.0	14
河　　北	88.9	10	11.8	14	384.8	3
山　　西	15.1	23	4.1	25	81.1	10
内　蒙　古	19.7	21	7.8	19	565.6	1
辽　　宁	130.5	6	29.9	4	131.8	8
吉　　林	79.4	11	29.3	5	38.8	16
黑　龙　江	41.3	16	10.9	15	455.9	2
上　　海	1.5	29	0.6	31	33.4	18
江　　苏	105.8	8	13.2	10	50.0	13
浙　　江	26.4	19	4.6	24	15.7	22
安　　徽	150.7	3	24.0	7	30.8	21
福　　建	136.8	5	34.8	1	13.8	24
江　　西	63.2	13	13.6	8	9.6	26
山　　东	315.1	1	31.4	2	225.1	4
河　　南	121.9	7	12.7	11	202.7	5
湖　　北	71.4	12	12.1	13	12.8	25
湖　　南	59.7	14	8.7	18	6.2	28
广　　东	153.3	2	13.6	9	13.9	23
广　　西	138.8	4	28.3	6	8.9	27
海　　南	28.0	18	30.1	3	0.2	31
重　　庆	32.3	17	10.5	16	4.9	29
四　　川	100.6	9	12.1	12	64.2	11
贵　　州	20.0	20	5.6	21	4.6	30
云　　南	47.5	15	9.9	17	58.2	12
西　　藏	0.6	31	1.8	27	36.4	17
陕　　西	9.3	24	2.4	26	109.7	9
甘　　肃	4.5	26	1.7	28	40.5	15
青　　海	0.8	30	1.4	29	32.6	19
宁　　夏	3.6	27	5.2	23	168.3	7
新　　疆	16.0	22	6.5	20	194.9	6

2－10　续表3

单位：万吨、千克/人

地　区	牛奶人均占有量		禽蛋产量		禽蛋人均占有量	
	绝对数	位次	绝对数	位次	绝对数	位次
全国总计	22.1		3 128.3		22.5	
北　京	14.4	15	11.2	27	5.2	25
天　津	30.8	8	19.4	24	12.5	18
河　北	51.1	7	378.0	3	50.1	2
山　西	21.8	12	102.6	12	27.6	8
内 蒙 古	223.4	2	55.2	14	21.8	11
辽　宁	30.2	9	297.2	4	68.1	1
吉　林	14.3	16	117.1	9	43.2	4
黑 龙 江	120.6	3	108.5	10	28.7	7
上　海	13.8	17	3.2	29	1.3	31
江　苏	6.2	20	178.0	5	22.1	10
浙　江	2.8	23	31.5	21	5.5	23
安　徽	4.9	21	158.3	7	25.2	9
福　建	3.5	22	44.3	16	11.3	19
江　西	2.1	25	47.0	15	10.1	20
山　东	22.5	11	447.0	1	44.6	3
河　南	21.1	13	413.6	2	43.2	5
湖　北	2.2	24	171.5	6	29.0	6
湖　南	0.9	30	105.4	11	15.3	15
广　东	1.2	29	39.2	18	3.5	29
广　西	1.8	26	22.3	22	4.5	27
海　南	0.2	31	4.7	28	5.0	26
重　庆	1.6	27	41.5	17	13.4	17
四　川	7.7	19	148.8	8	17.9	13
贵　州	1.3	28	20.0	23	5.6	22
云　南	12.1	18	32.7	20	6.8	21
西　藏	107.0	4	0.5	31	1.4	30
陕　西	28.5	10	61.6	13	16.0	14
甘　肃	15.4	14	14.1	26	5.4	24
青　海	54.2	6	2.3	30	3.9	28
宁　夏	245.7	1	14.4	25	21.0	12
新　疆	79.0	5	37.3	19	15.1	16

2-11　人均主要畜产品产量

单位：千克/人

年　份	肉类总产量	猪牛羊肉	猪肉	牛肉	羊肉	禽肉	牛奶产量	禽蛋产量
1978	9.0	9.0					0.9	
1979	11.0	11.0	10.3	0.2	0.4		1.1	
1980	12.3	12.3	11.6	0.3	0.5	0.0	1.2	2.6
1985	18.3	16.8	15.7	0.4	0.6	1.5	2.4	5.1
1990	25.2	22.1	20.1	1.1	0.9	2.8	3.7	7.0
1991	27.3	23.7	21.3	1.3	1.0	3.4	4.0	8.0
1992	29.4	25.2	22.6	1.5	1.1	3.9	4.3	8.8
1993	32.6	27.4	24.2	2.0	1.2	4.9	4.2	10.0
1994	37.8	31.0	26.9	2.7	1.4	6.3	4.4	12.4
1995	33.8	27.4	23.7	2.5	1.3	6.0	4.8	13.9
1996	37.6	30.3	25.9	2.9	1.5	6.8	5.2	16.1
1997	42.8	34.5	29.2	3.6	1.7	8.0	4.9	15.4
1998	46.1	37.0	31.3	3.9	1.9	8.5	5.3	16.3
1999	47.5	38.0	32.0	4.0	2.0	8.9	5.7	17.0
2000	47.6	37.6	31.4	4.1	2.1	9.4	6.6	17.3
2001	48.0	38.0	31.9	4.0	2.1	9.2	8.1	17.4
2002	48.7	38.5	32.2	4.1	2.2	9.3	10.2	17.7
2003	50.0	39.5	32.9	4.2	2.4	9.6	13.6	18.1
2004	51.0	40.4	33.5	4.3	2.6	9.7	17.4	18.3
2005	53.2	42.0	34.9	4.4	2.7	10.3	21.1	18.7
2006	54.1	42.6	35.5	4.4	2.8	10.4	24.4	18.5
2007	52.5	40.4	32.7	4.8	2.9	11.1	22.4	19.3
2008	55.6	43.0	35.3	4.7	3.0	11.7	22.7	20.4
2009	57.9	44.8	37.1	4.7	3.0	12.2	22.5	20.7
2010	59.8	46.2	38.4	4.7	3.0	12.6	22.7	20.8
2011	59.7	45.7	38.2	4.5	3.0	13.0	23.1	21.1
2012	62.7	47.8	40.3	4.6	3.0	13.9	23.5	21.4
2013	63.6	48.9	41.4	4.5	3.0	13.7	22.1	21.4
2014	64.6	50.3	42.7	4.5	3.1	13.4	23.2	21.5
2015	63.8	48.9	41.2	4.5	3.2	14.0	23.2	22.2
2016	62.6	47.2	39.4	4.5	3.3	14.5	22.2	22.9
2017	62.4	47.3	39.3	4.6	3.4	14.3	21.9	22.3
2018	61.9	46.8	38.8	4.6	3.4	14.3	22.1	22.5

注：按年平均人口计算。

三、畜牧生产统计

3-1　全国主要畜产品产量

单位：万吨

年　份	肉类总产量	猪牛羊肉				禽肉	兔肉
			猪肉	牛肉	羊肉		
1978	856.3	856.3					
1979	1 062.4	1 062.4	1 001.4	23.0	38.0		
1980	1 205.4	1 205.4	1 134.1	26.9	44.5		
1985	1 926.5	1 760.7	1 654.7	46.7	59.3	160.2	5.6
1990	2 857.0	2 513.5	2 281.1	125.6	106.8	322.9	9.6
1991	3 144.4	2 723.8	2 452.3	153.5	118.0	395.0	10.8
1992	3 430.7	2 940.6	2 635.3	180.3	125.0	454.2	18.5
1993	3 841.5	3 225.3	2 854.4	233.6	137.3	573.6	20.4
1994	4 499.3	3 692.7	3 204.8	327.0	160.9	755.2	22.9
1995	4 076.4	3 304.0	2 853.5	298.5	152.0	724.3	20.7
1996	4 584.0	3 694.7	3 158.0	355.7	181.0	832.7	23.7
1997	5 268.8	4 249.9	3 596.3	440.9	212.8	978.5	28.1
1998	5 723.8	4 598.3	3 883.7	479.9	234.6	1 056.3	30.8
1999	5 949.0	4 762.3	4 005.6	505.4	251.3	1 115.5	31.0
2000	6 013.9	4 743.2	3 966.0	513.1	264.1	1 191.1	37.0
2001	6 105.8	4 832.1	4 051.7	508.6	271.8	1 176.1	40.6
2002	6 234.3	4 928.4	4 123.1	521.9	283.5	1 197.1	42.3
2003	6 443.3	5 089.8	4 238.6	542.5	308.7	1 239.0	43.8
2004	6 608.7	5 234.3	4 341.0	560.4	332.9	1 257.8	46.7
2005	6 938.9	5 473.5	4 555.3	568.1	350.1	1 344.2	51.1
2006	7 099.9	5 608.4	4 650.3	590.3	367.7	1 363.1	54.4
2007	6 916.4	5 319.8	4 307.9	626.2	385.7	1 457.3	64.6
2008	7 370.9	5 692.9	4 682.0	617.7	393.2	1 550.1	58.3
2009	7 706.7	5 958.5	4 932.8	626.2	399.4	1 618.7	58.2
2010	7 993.6	6 173.5	5 138.4	629.1	406.0	1 688.9	59.6
2011	8 023.0	6 140.3	5 131.6	610.7	398.0	1 751.2	59.0
2012	8 471.1	6 462.8	5 443.5	614.7	404.2	1 878.9	58.3
2013	8 632.8	6 641.6	5 618.6	613.1	409.9	1 861.6	58.0
2014	8 817.9	6 864.2	5 820.8	615.7	427.6	1 825.4	57.4
2015	8 749.5	6 702.2	5 645.4	616.9	439.9	1 919.5	55.3
2016	8 628.3	6 502.6	5 425.5	616.9	460.3	2 001.7	53.5
2017	8 654.4	6 557.5	5 451.8	634.6	471.1	1 981.7	46.9
2018	8 624.6	6 522.9	5 403.7	644.1	475.1	1 993.7	46.6

注：1. 2007—2016 年数据根据第三次全国农业普查结果进行了修订。

　　2. 该表新增羊毛总产量、山羊毛总产量指标。

3－1　续表1

单位：万吨

年　份	牛奶产量	羊毛总产量（吨）	山羊毛总产量（吨）	山羊粗毛（吨）	山羊绒（吨）
1978	88.3	152 000.0	14 000.0	10 000.0	4 000.0
1979	106.5	169 000.0	16 000.0	12 000.0	4 000.0
1980	114.1	191 420.0	15 692.0	11 687.0	4 005.0
1985	249.9	191 453.8	13 500.8	10 512.0	2 988.8
1990	415.7	261 714.0	22 257.0	16 506.0	5 751.0
1991	464.6	262 035.0	22 428.0	16 498.0	5 930.0
1992	503.1	261 574.0	23 382.0	17 496.0	5 886.0
1993	498.6	265 808.0	25 499.0	19 020.0	6 479.0
1994	528.8	286 554.0	31 895.0	24 559.0	7 336.0
1995	576.4	315 830.0	38 455.0	29 973.0	8 482.0
1996	629.4	342 971.0	44 869.0	35 284.0	9 585.0
1997	601.1	289 550.0	34 491.0	25 865.0	8 626.0
1998	662.9	318 761.0	41 216.0	31 417.0	9 799.0
1999	717.6	325 181.0	42 029.0	31 849.0	10 180.0
2000	827.4	336 825.0	44 323.0	33 266.0	11 057.0
2001	1 025.5	343 462.5	45 208.5	34 240.5	10 968.0
2002	1 299.8	354 812.1	47 224.1	35 459.1	11 765.0
2003	1 746.3	388 277.7	50 219.7	36 691.7	13 528.0
2004	2 260.6	426 143.8	52 241.8	37 727.1	14 514.7
2005	2 753.4	445 510.9	52 338.9	36 903.9	15 435.0
2006	2 944.6	439 037.0	51 394.1	35 171.1	16 222.9
2007	2 947.1	422 072.8	50 997.9	35 333.2	15 664.7
2008	3 010.6	421 675.4	52 010.8	35 477.2	16 533.6
2009	2 995.1	410 623.9	52 502.8	35 909.6	16 593.2
2010	3 038.9	439 199.2	54 073.8	36 225.9	17 847.9
2011	3 109.9	441 683.0	55 196.2	38 070.3	17 125.9
2012	3 174.9	451 440.7	57 716.1	40 505.3	17 210.8
2013	3 000.8	459 603.0	57 522.2	40 214.9	17 307.2
2014	3 159.9	464 350.6	57 120.5	38 655.4	18 465.1
2015	3 179.8	467 304.2	54 170.4	35 486.8	18 683.6
2016	3 064.0	466 271.9	54 629.5	35 785.3	18 844.2
2017	3 038.6	461 237.5	50 715.0	32 862.7	17 852.3
2018	3 074.6	399 010.3	42 402.7	26 965.0	15 437.8

3-1　续表2

单位：万吨

年　份	绵羊毛产量（吨）	细羊毛# （吨）	半细羊毛# （吨）	蜂蜜产量	禽蛋产量
1978	138 000.0				
1979	153 000.0				
1980	175 728.0	69 035.0	34 587.0	9.6	256.6
1985	177 953.0	85 861.0	32 070.0	15.5	534.7
1990	239 457.0	119 457.0	44 246.0	19.3	794.6
1991	239 607.0	108 613.0	55 839.0	20.6	922.0
1992	238 192.0	106 201.0	52 478.0	17.8	1 019.9
1993	240 309.0	109 969.0	53 624.0	17.5	1 179.8
1994	254 659.0	113 357.0	58 337.0	17.7	1 479.0
1995	277 375.0	114 219.0	70 369.0	17.8	1 676.7
1996	298 102.0	121 020.0	74 099.0	18.3	1 965.2
1997	255 059.0	116 054.0	55 683.0	21.1	1 897.1
1998	277 545.0	115 752.0	68 775.0	20.7	2 021.3
1999	283 152.0	114 103.0	73 700.0	23.0	2 134.7
2000	292 502.0	117 386.0	84 921.0	24.6	2 182.0
2001	298 254.0	114 651.0	88 075.0	25.2	2 210.1
2002	307 588.0	112 193.0	102 419.0	26.5	2 265.7
2003	338 058.0	120 263.0	110 249.0	28.9	2 333.1
2004	373 902.0	130 413.0	119 514.0	29.3	2 370.6
2005	393 172.0	127 862.0	123 068.0	29.3	2 438.1
2006	387 642.9	130 959.3	116 043.0	33.4	2 424.0
2007	371 074.9	124 262.2	108 635.0	38.0	2 546.7
2008	369 664.6	119 278.9	105 272.4	38.5	2 699.6
2009	358 121.1	124 364.8	109 013.3	39.7	2 751.9
2010	385 125.4	123 504.2	113 997.9	38.2	2 776.9
2011	386 486.8	132 876.7	113 305.3	41.2	2 830.4
2012	393 724.6	124 716.0	127 312.9	43.8	2 885.4
2013	402 080.8	131 729.9	128 335.4	43.7	2 905.5
2014	407 230.1	122 250.8	132 692.8	46.3	2 930.3
2015	413 133.8	130 536.6	134 905.3	47.3	3 046.1
2016	411 642.4	129 164.2	137 972.7	55.5	3 160.5
2017	410 522.5	127 920.7	133 458.5	54.3	3 096.3
2018	356 607.6	117 891.3	120 429.9	44.7	3 128.3

3-2　全国主要牲畜年末存栏量

单位：万头、万只

年　份	大牲畜	牛	马	驴	骡
1978	9 389.0	7 072.4	1 124.5	748.1	386.8
1979	9 459.0	7 134.6	1 114.5	747.3	402.3
1980	9 524.6	7 167.6	1 104.2	774.8	416.6
1985	11 381.8	8 682.0	1 108.1	1 041.5	497.2
1990	13 021.3	10 288.4	1 017.4	1 119.8	549.4
1991	13 192.6	10 459.2	1 009.4	1 115.8	560.6
1992	13 485.1	10 784.0	1 001.7	1 098.3	561.0
1993	13 987.5	11 315.7	995.9	1 088.6	549.8
1994	14 918.7	12 231.8	1 003.8	1 092.3	555.2
1995	12 728.4	10 420.1	861.1	945.5	476.9
1996	13 360.6	11 031.8	871.5	944.4	478.0
1997	14 541.8	12 182.2	891.2	952.8	480.6
1998	14 803.2	12 441.9	898.1	955.8	473.9
1999	15 024.8	12 698.3	891.4	934.8	467.3
2000	14 638.1	12 353.2	876.6	922.7	453.0
2001	13 980.9	11 809.2	826.0	881.5	436.2
2002	13 672.3	11 567.8	808.8	849.9	419.4
2003	13 467.3	11 434.4	790.0	820.7	395.7
2004	13 191.4	11 235.4	763.9	791.9	374.0
2005	12 894.8	10 990.8	740.0	777.2	360.4
2006	12 325.7	10 503.1	719.3	730.9	345.5
2007	11 998.2	10 397.5	646.7	638.9	291.0
2008	11 529.7	10 068.0	594.7	600.4	243.8
2009	11 380.8	10 035.9	562.3	540.4	219.7
2010	11 074.6	9 820.0	529.9	510.1	191.5
2011	10 580.0	9 384.0	515.4	485.3	171.1
2012	10 248.4	9 137.3	465.2	462.4	159.0
2013	10 008.6	8 985.8	431.7	425.7	138.0
2014	9 952.0	9 007.3	415.8	383.6	117.4
2015	9 929.8	9 055.8	397.5	342.4	104.1
2016	9 559.9	8 834.5	351.2	259.3	84.5
2017	9 763.6	9 038.7	343.6	267.8	81.1
2018	9 625.5	8 915.3	347.3	253.3	75.8

注：2007—2016 年数据根据第三次全国农业普查结果进行了修订。

3 - 2 续　表

单位：万头、万只

年　份	骆驼	猪	羊	山羊	绵羊
1978	57.4	30 129.0	16 994.0	7 354.0	9 640.0
1979	60.4	31 971.0	18 314.0	8 057.0	10 257.0
1980	61.4	30 543.1	18 731.1	8 068.4	10 662.7
1985	53.0	33 139.6	15 588.4	6 167.4	9 421.0
1990	46.3	36 240.8	21 002.1	9 720.5	11 281.6
1991	44.1	36 964.6	20 621.0	9 535.5	11 085.5
1992	40.1	38 421.1	20 732.9	9 761.0	10 971.9
1993	37.3	39 300.1	21 731.4	10 569.6	11 161.8
1994	35.6	41 461.5	24 052.8	12 308.3	11 744.4
1995	34.1	35 040.8	21 748.7	10 794.0	10 945.7
1996	34.5	36 283.6	23 728.3	12 315.8	11 412.5
1997	35.0	40 034.8	25 575.7	13 480.1	12 095.6
1998	33.5	42 256.3	26 903.5	14 168.3	12 735.2
1999	33.0	43 144.2	27 925.8	14 816.3	13 109.5
2000	32.6	41 633.6	27 948.2	14 945.6	13 002.6
2001	27.9	41 950.5	27 625.0	14 562.3	13 062.8
2002	26.4	41 776.2	28 240.9	14 841.2	13 399.7
2003	26.5	41 381.8	29 307.4	14 967.9	14 339.5
2004	26.2	42 123.4	30 426.0	15 195.5	15 230.5
2005	26.6	43 319.1	29 792.7	14 659.0	15 133.7
2006	26.9	41 854.4	28 337.6	13 956.1	14 381.5
2007	24.1	43 933.2	28 606.7	14 564.1	14 042.5
2008	22.8	46 433.1	28 823.7	15 067.0	13 756.7
2009	22.6	47 177.2	29 063.0	14 734.0	14 328.9
2010	23.0	46 765.2	28 730.2	14 195.0	14 535.2
2011	24.3	47 074.8	28 664.1	14 087.4	14 576.7
2012	24.5	48 030.2	28 512.7	13 932.3	14 580.4
2013	27.4	47 893.1	28 935.2	13 657.5	15 277.7
2014	28.0	47 160.2	30 391.3	14 167.5	16 223.8
2015	30.1	45 802.9	31 174.3	14 507.5	16 666.8
2016	30.5	44 209.2	29 930.5	13 691.8	16 238.8
2017	32.3	44 158.9	30 231.7	13 823.8	16 407.9
2018	33.8	42 817.1	29 713.5	13 574.7	16 138.8

3-3 全国主要畜禽年出栏量

单位：万头、万只

年　份	猪	牛	羊	家禽	兔
1978	16 109.5	240.3	2 621.9		
1979	18 767.6	296.8	3 543.4		
1980	19 860.7	332.2	4 241.9		
1985	23 875.2	456.5	5 080.5		
1990	30 991.0	1 088.3	8 931.4	243 391.1	7 314.9
1991	32 897.1	1 303.9	9 816.2	282 357.5	8 468.9
1992	35 169.7	1 519.2	10 266.6	319 254.3	14 343.9
1993	37 720.1	1 897.1	11 146.9	397 760.3	15 517.6
1994	42 103.2	2 512.7	13 124.8	512 823.2	16 924.7
1995	37 849.6	2 243.0	11 418.0	488 392.6	15 019.9
1996	41 225.2	2 685.9	13 412.5	557 127.2	16 666.6
1997	46 483.7	3 283.9	15 945.5	638 853.2	20 984.5
1998	50 215.1	3 587.1	17 279.5	684 378.7	21 741.3
1999	50 749.0	3 766.2	18 820.4	743 165.1	22 103.0
2000	51 862.3	3 806.9	19 653.4	809 857.1	25 878.2
2001	53 281.1	3 794.8	21 722.5	808 834.8	28 992.5
2002	54 143.9	3 896.2	23 280.8	832 858.9	30 560.2
2003	55 701.8	4 000.1	25 958.3	888 587.8	31 938.4
2004	57 278.5	4 101.0	28 343.0	907 021.8	33 985.9
2005	60 367.4	4 148.7	24 092.0	943 091.4	37 840.4
2006	61 209.0	4 222.0	24 733.9	930 548.3	40 367.7
2007	56 640.9	4 307.0	25 545.7	963 219.8	43 662.5
2008	61 278.9	4 243.1	25 926.6	1 032 426.3	39 199.3
2009	64 990.9	4 292.3	26 434.5	1 076 672.8	38 546.2
2010	67 332.7	4 318.3	26 808.3	1 122 429.1	39 239.0
2011	67 030.0	4 200.6	26 232.2	1 160 716.8	38 046.3
2012	70 724.5	4 219.3	26 606.2	1 244 696.4	37 775.4
2013	72 768.0	4 189.9	26 962.7	1 232 371.6	37 591.3
2014	74 951.5	4 200.4	28 051.4	1 202 592.0	36 699.5
2015	72 415.6	4 211.4	28 761.4	1 259 132.0	35 888.4
2016	70 073.9	4 265.0	30 005.3	1 319 534.2	35 056.7
2017	70 202.1	4 340.3	30 797.7	1 302 190.6	31 955.3
2018	69 382.4	4 397.5	31 010.5	1 308 936.0	31 670.9

注：2007—2016 年的数据根据第三次全国农业普查结果进行了修订。

3-4   全国畜牧生产及增长情况

单位：万头、万只、万吨

项　　目	2018 年	2017 年	2018 年比 2017 年增加	
			绝对数	％
当年畜禽出栏				
一、大牲畜				
1. 牛	4 397.5	4 340.3	57.2	1.3
2. 马	92.1	92.9	−0.8	−0.9
3. 驴	105.7	106.6	−0.9	−0.8
4. 骡	15.0	15.8	−0.8	−5.2
5. 骆驼	10.1	7.6	2.5	33.1
二、猪	69 382.4	70 202.1	−819.7	−1.2
三、羊	31 010.5	30 797.7	212.8	0.7
1. 山羊	14 805.9	14 696.9	109.0	0.7
2. 绵羊	16 204.6	16 100.8	103.8	0.6
四、家禽	1 308 936.0	1 302 190.6	6 745.5	0.5
五、兔	31 670.9	31 955.3	−284.4	−0.9
期末存栏				
一、大牲畜	9 625.5	9 763.6	−138.1	−1.4
1. 牛	8 915.3	9 038.7	−123.5	−1.4
其中：肉牛	6 618.4	6 617.9	0.5	0.0
奶牛	1 037.7	1 079.8	−42.0	−3.9
役用牛	1 259.1	1 341.1	−81.9	−6.1
2. 马	347.3	343.6	3.7	1.1
3. 驴	253.3	267.8	−14.5	−5.4
4. 骡	75.8	81.1	−5.3	−6.6
5. 骆驼	33.8	32.3	1.5	4.7
二、猪	42 817.1	44 158.9	−1 341.8	−3.0
其中：能繁母猪	4 261.0	4 471.5	−210.5	−4.7

3-4 续　表

单位：万头、万只、万吨

项　目	2018 年	2017 年	2018 年比 2017 年增加	
			绝对数	%
三、羊	29 713.5	30 231.7	−518.2	−1.7
1. 山羊	13 574.7	13 823.8	−249.1	−1.8
2. 绵羊	16 138.8	16 407.9	−269.1	−1.6
四、家禽	603 738.7	605 302.2	−1 563.5	−0.3
五、兔	12 033.9	12 114.0	−80.1	−0.7
畜产品产量				
一、肉类总产量	8 624.6	8 654.4	−29.8	−0.3
1. 牛肉	644.1	634.6	9.4	1.5
平均每头产肉量（千克/头）	146.5	146.2	0.3	0.2
2. 猪肉	5 403.7	5 451.8	−48.1	−0.9
平均每头产肉量（千克/头）	77.9	77.7	0.2	0.3
3. 羊肉	475.1	471.1	4.0	0.8
平均每头产肉量（千克/头）	15.3	15.3	0.0	0.2
4. 禽肉	1 993.7	1 981.7	11.9	0.6
5. 兔肉	46.6	46.9	−0.3	−0.6
二、奶类产量	3 176.8	3 148.6	28.2	0.9
其中：牛奶产量	3 074.6	3 038.6	35.9	1.2
三、山羊毛总产量（吨）	42 402.7	50 715.0	−8 312.2	−16.4
其中：山羊粗毛产量（吨）	26 965.0	32 862.7	−5 897.7	−17.9
山羊绒产量（吨）	15 437.8	17 852.3	−2 414.5	−13.5
四、绵羊毛产量（吨）	356 607.6	410 522.5	−53 915.0	−13.1
其中：细羊毛（吨）	117 891.3	127 920.7	−10 029.5	−7.8
半细羊毛（吨）	120 429.9	133 458.5	−13 028.6	−9.8
五、蜂蜜产量	44.7	54.3	−9.6	−17.6
六、禽蛋产量	3 128.3	3 096.3	32.0	1.0
七、蚕茧产量	83.1	81.7	1.3	1.6
其中：桑蚕茧	76.4	75.1	1.3	1.7
柞蚕茧	6.7	6.7	0.1	0.9

3-5　各地区主要畜禽年出栏量

单位：万头、万只

地　区	猪	牛	羊	家禽	兔
全国总计	69 382.4	4 397.5	31 010.5	1 308 936.0	31 670.9
北　京	169.4	5.3	35.6	1 615.6	6.1
天　津	278.6	16.7	49.2	5 435.7	6.8
河　北	3 709.6	345.6	2 201.4	59 728.2	348.4
山　西	814.6	44.0	558.7	11 968.5	158.1
内　蒙　古	896.0	375.1	6 390.7	10 069.5	322.5
辽　宁	2 495.8	175.1	583.6	76 271.3	25.7
吉　林	1 570.4	249.6	383.0	45 062.3	406.0
黑　龙　江	1 964.4	270.2	743.9	24 632.8	50.7
上　海	148.9	0.3	16.5	984.0	4.6
江　苏	2 680.9	15.5	690.5	64 201.0	2 262.6
浙　江	911.6	8.2	135.1	17 195.9	271.6
安　徽	2 837.4	56.7	1 197.2	89 361.0	168.3
福　建	1 421.3	17.9	144.3	95 537.7	937.8
江　西	3 124.0	119.4	131.5	45 423.5	324.8
山　东	5 082.3	363.4	2 682.4	216 869.9	3 162.4
河　南	6 402.4	231.2	2 208.2	92 767.3	1 981.6
湖　北	4 363.5	108.3	609.2	53 244.8	168.1
湖　南	5 993.7	152.7	911.0	42 476.7	575.9
广　东	3 757.4	33.2	110.7	109 246.8	321.7
广　西	3 465.8	123.6	210.9	84 929.5	577.8
海　南	561.6	20.0	84.6	16 011.5	6.1
重　庆	1 758.2	54.5	447.0	21 349.2	2 375.6
四　川	6 638.3	276.2	1 740.9	66 071.0	16 415.5
贵　州	1 869.9	157.5	297.1	11 759.6	505.6
云　南	3 850.5	309.1	1 051.5	26 092.9	29.6
西　藏	17.9	145.5	342.4	284.4	
陕　西	1 150.8	56.9	605.7	5 791.5	138.8
甘　肃	691.6	201.9	1 462.8	3 645.0	60.4
青　海	116.5	135.6	748.1	494.1	17.6
宁　夏	112.5	74.8	558.8	1 848.7	14.5
新　疆	526.7	253.5	3 677.8	8 566.3	25.7

3-6　各地区主要畜禽年末存栏量

单位：万头、万只

地　　区	大牲畜	牛	肉牛	奶牛	役用牛	马	驴	骡	骆驼
全国总计	9 625.5	8 915.3	6 618.4	1 037.7	1 259.1	347.3	253.3	75.8	33.8
北　　京	10.9	10.6	3.0	7.5	0.0	0.1	0.2	0.0	0.0
天　　津	25.1	24.6	13.3	11.3	0.0	0.1	0.4	0.0	0.0
河　　北	371.6	342.0	199.3	105.9	36.8	6.1	18.0	5.5	0.0
山　　西	118.5	102.0	53.2	31.7	17.0	1.0	12.0	3.6	0.0
内　蒙　古	778.7	616.2	489.8	120.8	5.6	63.8	72.8	8.6	17.3
辽　　宁	306.0	248.3	212.8	29.2	6.3	6.2	46.4	5.2	0.0
吉　　林	330.7	325.3	309.4	15.1	0.8	2.8	2.3	0.3	0.0
黑　龙　江	476.2	456.5	349.7	105.0	1.8	13.4	5.2	1.0	
上　　海	5.8	5.8	0.2	5.6	0.0	0.0	0.0	0.0	0.0
江　　苏	31.7	29.2	15.8	13.4	0.0	0.0	1.7	0.6	0.0
浙　　江	13.7	13.7	9.8	3.2	0.7	0.0	0.0	0.0	0.0
安　　徽	80.0	79.6	58.3	12.8	8.6	0.1	0.3	0.0	
福　　建	30.9	30.9	11.1	4.1	15.7	0.0			
江　　西	246.5	246.5	219.1	3.7	23.7				
山　　东	390.1	380.6	259.0	91.4	30.2	0.7	8.5	0.3	
河　　南	377.0	373.4	231.1	34.3	108.0	0.9	2.3	0.4	
湖　　北	241.5	241.1	122.1	4.5	114.5	0.3	0.1	0.0	0.0
湖　　南	387.0	385.4	310.8	5.8	68.8	1.4	0.1	0.1	0.0
广　　东	120.6	120.6	81.2	6.0	33.4	0.0			
广　　西	350.7	328.6	99.0	5.1	224.5	18.8	0.0	3.3	
海　　南	54.5	54.5	44.6	0.1	9.8				
重　　庆	105.6	103.7	78.3	1.2	24.2	1.4	0.1	0.4	0.0
四　　川	916.0	824.3	476.2	76.9	271.2	74.3	8.5	8.9	
贵　　州	483.0	465.3	371.9	6.0	87.4	17.1	0.1	0.5	0.0
云　　南	859.6	811.9	755.8	16.5	39.5	14.3	13.2	20.2	0.0
西　　藏	642.2	608.4	498.4	42.3	67.8	27.7	4.8	1.2	
陕　　西	153.1	149.9	120.9	27.9	1.1	0.2	2.7	0.4	0.0
甘　　肃	504.6	440.4	410.5	29.9	0.0	11.7	34.5	15.0	3.0
青　　海	527.6	514.3	492.0	22.4	0.0	11.6	0.4	0.1	1.1
宁　　夏	128.9	124.6	84.5	40.1	0.0	0.1	3.9	0.2	0.0
新　　疆	557.3	457.2	237.3	158.0	61.8	73.0	14.8	0.0	12.4

3－6　续　　表

单位：万头、万只

地　区	猪	能繁母猪	羊	山羊	绵羊	家禽	兔
全国总计	42 817.1	4 261.0	29 713.5	13 574.7	16 138.8	603 738.7	12 033.9
北　京	45.4	5.1	24.2	5.7	18.6	990.7	0.7
天　津	196.9	23.0	41.9	4.9	37.0	2 331.0	1.6
河　北	1 820.8	173.9	1 179.6	365.2	814.3	38 463.6	151.7
山　西	549.5	56.4	875.6	344.1	531.5	10 202.5	74.0
内　蒙　古	497.3	54.7	6 001.9	1 632.0	4 369.9	4 835.4	138.9
辽　宁	1 262.2	161.7	772.8	407.9	364.9	39 582.2	17.7
吉　林	870.4	94.1	396.6	54.3	342.3	16 233.4	30.0
黑　龙　江	1 353.2	133.5	772.7	166.0	606.7	16 124.7	31.6
上　海	96.5	7.5	13.7	12.9	0.9	615.8	2.4
江　苏	1 552.0	125.5	390.2	380.7	9.5	28 750.0	688.5
浙　江	516.8	43.3	125.9	40.8	85.0	8 320.5	173.0
安　徽	1 356.3	116.2	500.6	499.8	0.8	23 524.1	122.2
福　建	799.9	74.5	95.3	95.3	0.0	16 908.8	455.8
江　西	1 587.3	140.8	100.3	100.3	0.0	18 550.3	133.0
山　东	2 985.6	308.6	1 801.4	875.2	926.2	75 371.8	1 544.4
河　南	4 337.2	417.2	1 734.1	1 474.0	260.1	65 799.7	1 078.0
湖　北	2 521.8	239.0	546.8	546.8	0.0	34 706.9	107.7
湖　南	3 822.0	378.7	668.3	668.3	0.0	32 616.0	242.3
广　东	2 024.3	218.0	93.0	93.0	0.0	37 635.6	180.0
广　西	2 298.3	262.4	223.5	222.9	0.6	33 300.9	142.6
海　南	382.4	52.4	68.9	68.8	0.1	5 316.8	2.4
重　庆	1 167.2	113.8	323.2	323.0	0.2	11 678.5	825.4
四　川	4 258.5	402.9	1 462.9	1 303.5	159.4	38 440.7	5 491.7
贵　州	1 549.3	139.4	401.5	379.1	22.5	9 694.0	198.2
云　南	3 055.5	301.8	1 268.9	1 175.3	93.6	14 782.5	11.0
西　藏	38.8	13.4	1 047.1	366.8	680.3	111.7	
陕　西	839.0	84.7	866.8	715.7	151.0	7 255.0	116.1
甘　肃	545.2	61.8	1 885.9	407.3	1 478.5	4 183.8	50.2
青　海	78.2	8.2	1 336.1	180.0	1 156.1	305.7	5.4
宁　夏	73.8	8.1	534.3	107.2	427.1	1 143.1	10.4
新　疆	335.8	40.3	4 159.7	558.0	3 601.7	5 961.8	7.1

3-7　全国肉类产品产量构成

单位：%

年　份	肉类总产量	猪肉	牛肉	羊肉	禽肉	其他
1985	100	85.9	2.4	3.1	8.3	0.3
1986	100	85.0	2.8	2.9	8.9	0.4
1987	100	82.8	3.6	3.2	9.9	0.5
1988	100	81.4	3.9	3.2	11.1	0.5
1989	100	80.8	4.1	3.7	10.7	0.8
1990	100	79.8	4.4	3.7	11.3	0.7
1991	100	78.0	4.9	3.8	12.6	0.8
1992	100	76.8	5.3	3.6	13.2	1.0
1993	100	74.3	6.1	3.6	14.9	1.1
1994	100	71.2	7.3	3.6	16.8	1.1
1995	100	70.0	7.3	3.7	17.8	1.2
1996	100	68.9	7.8	3.9	18.2	1.2
1997	100	68.3	8.4	4.0	18.6	0.8
1998	100	67.9	8.4	4.1	18.5	1.2
1999	100	67.3	8.5	4.2	18.8	1.2
2000	100	65.9	8.5	4.4	19.8	1.3
2001	100	66.4	8.3	4.5	19.3	1.6
2002	100	66.1	8.4	4.5	19.2	1.7
2003	100	65.8	8.4	4.8	19.2	1.8
2004	100	65.7	8.5	5.0	19.0	1.8
2005	100	65.6	8.2	5.0	19.4	1.7
2006	100	65.5	8.3	5.2	19.2	1.8
2007	100	62.3	9.1	5.6	21.1	2.0
2008	100	63.5	8.4	5.3	21.0	1.7
2009	100	64.0	8.1	5.2	21.0	1.7
2010	100	64.3	7.9	5.1	21.1	1.6
2011	100	64.0	7.6	5.0	21.8	1.6
2012	100	64.3	7.3	4.8	22.2	1.5
2013	100	65.1	7.1	4.7	21.6	1.5
2014	100	66.0	7.0	4.8	20.7	1.5
2015	100	64.5	7.1	5.0	21.9	1.5
2016	100	62.9	7.1	5.3	23.2	1.4
2017	100	63.0	7.3	5.4	22.9	1.3
2018	100	62.7	7.5	5.5	23.1	1.3

3-8　各地区肉类产量

单位：万吨

地　　区	肉类总产量	猪肉#	牛肉#	羊肉#	禽肉#
全国总计	8 624.6	5 403.7	644.1	475.1	1 993.7
北　　京	17.5	13.5	0.9	0.6	2.3
天　　津	33.9	21.2	2.9	1.2	8.5
河　　北	466.7	286.3	56.5	30.5	88.9
山　　西	93.1	62.5	6.5	8.1	15.1
内　蒙　古	267.3	71.8	61.4	106.3	19.7
辽　　宁	377.1	210.1	27.5	6.6	130.5
吉　　林	253.6	127.0	40.7	4.6	79.4
黑　龙　江	247.5	149.9	42.6	12.5	41.3
上　　海	13.5	11.3	0.0	0.3	1.5
江　　苏	328.5	205.5	2.8	7.8	105.8
浙　　江	104.6	74.0	1.2	2.3	26.4
安　　徽	421.7	243.9	8.7	17.1	150.7
福　　建	256.1	113.1	1.9	2.0	136.8
江　　西	325.7	246.3	12.5	2.1	63.2
山　　东	854.7	421.0	76.4	36.8	315.1
河　　南	669.4	479.0	34.8	26.9	121.9
湖　　北	430.9	333.2	15.8	9.7	71.4
湖　　南	541.7	446.8	17.9	14.9	59.7
广　　东	449.9	281.5	4.1	2.0	153.3
广　　西	426.8	263.9	12.3	3.4	138.8
海　　南	79.9	45.6	1.9	1.1	28.0
重　　庆	182.3	132.2	7.2	6.8	32.3
四　　川	664.7	481.2	34.5	26.3	100.6
贵　　州	213.7	164.8	19.9	5.0	20.0
云　　南	427.2	323.8	36.0	18.6	47.5
西　　藏	28.4	1.0	20.9	5.9	0.6
陕　　西	114.5	86.6	8.2	9.6	9.3
甘　　肃	101.2	50.6	21.4	23.6	4.5
青　　海	36.5	9.2	13.2	13.1	0.8
宁　　夏	34.1	8.8	11.5	9.9	3.6
新　　疆	162.0	38.1	42.0	59.4	16.0

3-9　各地区羊毛、羊绒产量

单位：吨

地　　区	羊毛总产量	山羊毛总产量	山羊粗毛	山羊绒	绵羊毛产量	细羊毛#	半细羊毛#
全国总计	399 010.3	42 402.7	26 965.0	15 437.8	356 607.6	117 891.3	120 429.9
北　　京	45.7	8.4	5.2	3.1	37.4	2.9	2.9
天　　津	181.4	1.9	1.9	0.0	179.4	22.7	156.8
河　　北	23 881.2	3 064.9	2 360.3	704.6	20 816.3	4 784.8	12 788.3
山　　西	10 601.6	2 643.7	1 428.6	1 215.1	7 957.9	2 317.2	4 171.9
内　蒙　古	130 839.4	12 660.6	6 053.8	6 606.8	118 178.9	62 086.2	23 365.7
辽　　宁	9 998.3	2 391.1	1 335.5	1 055.6	7 607.3	1 198.7	6 095.3
吉　　林	12 021.2	591.0	504.3	86.7	11 430.2	4 728.5	6 669.1
黑　龙　江	27 196.9	1 391.9	1 202.0	189.9	25 805.0	3 924.0	20 879.0
上　　海	77.0	73.8	73.8	0.0	3.2	0.0	0.0
江　　苏	352.9	8.6	8.6	0.0	344.3	77.8	266.6
浙　　江	2 079.1	391.9	391.9	0.0	1 687.2	0.0	1 687.2
安　　徽	155.0	23.0	23.0		132.0	95.0	37.0
福　　建	0.0	0.0					
江　　西	0.0	0.0					
山　　东	9 698.7	3 247.7	2 696.7	551.1	6 451.0	1 655.5	3 686.7
河　　南	6 848.9	2 718.6	2 406.1	312.5	4 130.2	500.5	2 584.5
湖　　北	57.0	48.0	48.0		9.0	0.0	5.0
湖　　南	3.0	3.0	2.0	1.0			
广　　东	6.0	6.0	6.0				
广　　西	0.0	0.0					
海　　南	0.0	0.0					
重　　庆	1.4	0.0	0.0	0.0	1.4	0.0	1.4
四　　川	6 173.0	698.0	558.0	140.0	5 475.0	1 719.0	2 847.0
贵　　州	692.9	92.7	84.6	8.1	600.2	166.3	433.9
云　　南	1 642.0	108.0	102.0	6.0	1 534.0	304.0	1 005.0
西　　藏	9 758.3	1 790.6	937.2	853.4	7 967.7	1 345.8	2 267.0
陕　　西	6 284.9	3 225.6	1 747.3	1 478.3	3 059.3	1 044.1	1 679.7
甘　　肃	31 237.6	1 944.6	1 620.5	324.1	29 293.0	9 140.3	5 180.9
青　　海	18 655.0	1 055.0	700.0	355.0	17 600.0	2 279.0	6 873.0
宁　　夏	11 195.0	1 449.0	786.0	663.0	9 746.0	4 380.0	2 221.0
新　　疆	79 326.9	2 765.2	1 881.7	883.5	76 561.7	16 119.1	15 524.9

3－10　各地区其他畜产品产量

单位：万吨

地　区	奶类产量	牛奶产量	禽蛋产量	蜂蜜产量（吨）
全国总计	3 176.8	3 074.6	3 128.3	446 878.6
北　　京	31.1	31.1	11.2	1 032.0
天　　津	48.0	48.0	19.4	73.8
河　　北	391.1	384.8	378.0	11 272.1
山　　西	81.7	81.1	102.6	6 133.8
内　蒙　古	571.8	565.6	55.2	3 592.0
辽　　宁	132.6	131.8	297.2	2 835.6
吉　　林	39.0	38.8	117.1	11 498.0
黑　龙　江	458.5	455.9	108.5	18 816.4
上　　海	33.4	33.4	3.2	740.9
江　　苏	50.0	50.0	178.0	4 663.0
浙　　江	15.8	15.7	31.5	66 316.0
安　　徽	30.8	30.8	158.3	21 031.0
福　　建	14.3	13.8	44.3	15 797.0
江　　西	9.6	9.6	47.0	18 175.0
山　　东	232.5	225.1	447.0	4 271.4
河　　南	208.9	202.7	413.6	61 392.5
湖　　北	12.8	12.8	171.5	23 434.0
湖　　南	6.2	6.2	105.4	10 198.0
广　　东	13.9	13.9	39.2	24 268.0
广　　西	8.9	8.9	22.3	16 128.3
海　　南	0.2	0.2	4.7	1 126.7
重　　庆	4.9	4.9	41.5	22 023.0
四　　川	64.3	64.2	148.8	54 287.0
贵　　州	4.6	4.6	20.0	3 792.9
云　　南	65.7	58.2	32.7	11 988.0
西　　藏	40.8	36.4	0.5	22.2
陕　　西	159.7	109.7	61.6	5 677.5
甘　　肃	41.1	40.5	14.1	3 922.3
青　　海	33.5	32.6	2.3	1 640.0
宁　　夏	169.4	168.3	14.4	1 149.0
新　　疆	201.7	194.9	37.3	19 581.3

四、畜牧专业统计

4-1　全国种畜禽场站情况

单位：个、头、只、匹、套、箱、枚、万份

指标名称	场数	年末存栏	能繁母畜	当年出场种畜禽	当年生产胚胎	当年生产精液
一、种畜禽场总数	7 806					
（一）种牛场	521	1 043 393	636 926	87 002	70 003	
1. 种奶牛场	241	748 499	466 597	44 705	55 923	
2. 种肉牛场	227	164 743	101 810	27 198	13 213	
3. 种水牛场	9	3 776	2 151	783	0	
4. 种牦牛场	44	126 375	66 368	14 316	867	
（二）种马场	31	11 341	6 018	1 334		
（三）种猪场	3 431	17 910 954	3 881 448	15 948 117		
（四）种羊场	1 424	2 889 303	1 727 099	1 181 673	122 706	
1. 种绵羊场	904	2 236 978	1 370 747	928 428	92 816	
其中：种细毛羊场	136	302 281	196 939	77 625	22 066	
2. 种山羊场	520	652 325	356 352	253 245	29 890	
其中：种绒山羊场	129	134 955	90 278	46 477	2 499	
（五）种禽场	2 116					
1. 种蛋鸡场	511	36 150 368				
其中：祖代及以上蛋鸡场	78	5 009 818		63 988 956		
父母代蛋鸡场	433	31 140 550				
2. 种肉鸡场	1 195	91 584 461				
其中：祖代及以上肉鸡场	136	8 698 979		78 608 449		
父母代肉鸡场	1 059	82 885 482				
3. 种鸭场	288	14 498 920				
4. 种鹅场	122	1 503 032				
（六）种兔场	79	767 636				
（七）种蜂场	75	70 118 946				
（八）其他	129					
二、种畜站总数	1 651					
1. 种公牛站	41	4 252				3 240.6
2. 种公羊站	18	1 236				1.1
3. 种公猪站	1 592	79 749				3 763.3

4－2　全国畜牧技术机构基本情况

项　　目	单位	畜牧站	家畜繁育改良站	草原工作站	饲料监察所
一、省级机构数	个	31	11	16	23
在编干部职工总数	人	1 395	479	490	577
其中按职称分					
高级技术职称	人	495	130	190	233
中级技术职称	人	362	129	118	157
初级技术职称	人	223	70	69	65
其中按学历分					
研究生	人	315	70	89	175
大学本科	人	681	216	296	323
大学专科	人	182	95	61	60
中专	人	35	19	11	12
离退休人员	人	821	257	281	219
二、地（市）级机构数	个	260	49	119	61
在编干部职工总数	人	4 398	833	1 370	557
其中按职称分					
高级技术职称	人	1 189	195	303	120
中级技术职称	人	1 286	208	393	139
初级技术职称	人	782	126	247	70

4-2 续 表

项 目	单位	畜牧站	家畜繁育改良站	草原工作站	饲料监察所
其中按学历分					
研究生	人	600	55	124	84
大学本科	人	2 238	351	644	319
大学专科	人	696	145	339	76
中专	人	215	49	96	27
离退休人员	人	2 297	653	668	200
三、县（市）级机构数	个	2 667	685	822	560
在编干部职工总数	人	43 198	5 641	6 760	4 759
其中按职称分					
高级技术职称	人	6 267	893	991	490
中级技术职称	人	13 332	1 767	2 085	1 656
初级技术职称	人	11 677	1 383	1 715	1 411
其中按学历分					
研究生	人	1 430	116	132	76
大学本科	人	16 354	1 731	2 528	1 379
大学专科	人	14 690	1 840	2 444	1 759
中专	人	6 644	991	895	871
离退休人员	人	20 440	2 816	2 703	831

4－3　全国乡镇畜牧兽医站基本情况

项　　目	单位	数量
一、站数	个	30 335
二、职工总数	人	165 169
在编人数	人	125 428
其中按职称分		
高级技术职称	人	8 750
中级技术职称	人	38 172
初级技术职称	人	49 117
技术员	人	24 024
其中按学历分		
研究生	人	938
大学本科	人	31 059
大学专科	人	54 272
中专	人	32 134
三、离退休人员	人	63 939
四、经营情况		
盈余站数	个	2 149
盈余金额	万元	3 758.0
亏损站数	个	1 849
亏损金额	万元	16 683.9
五、全年总收入	万元	1 044 464.8
其中：经营服务收入	万元	76 315.9
六、全年总支出	万元	1 057 390.7
其中：工资总额	万元	753 484.2

4-4　全国牧区县、半牧区县畜牧生产情况

项　　目	单位	牧区县	半牧区县
一、基本情况			
牧业人口数	万人	361.6	1 147.1
人均纯收入	元/人	10 821.6	10 639.4
其中：牧业收入	元/人	7 088.1	4 162.0
牧户数	户	1 002 111	2 917 310
其中：定居牧户数	户	885 102	2 713 390
二、畜禽饲养情况			
大牲畜年末存栏	头	14 314 733	14 824 377
其中：牛年末存栏	头	12 609 611	12 068 370
其中：能繁母牛	头	6 723 087	6 029 209
当年成活犊牛	头	3 539 730	3 421 800
牦牛年末存栏	头	8 793 716	3 000 544
绵羊年末存栏	只	36 451 747	43 132 058
其中：能繁母羊	只	25 708 277	26 835 266
当年生存栏羔羊	只	7 823 514	11 210 998
细毛羊	只	3 203 893	12 868 300
半细毛羊	只	5 367 168	8 805 367
山羊年末存栏	只	8 190 264	11 637 331
其中：绒山羊	只	6 943 818	7 017 222
三、畜产品产量与出栏情况			
肉类总产量	吨	1 339 152	4 687 929
其中：牛肉产量	吨	535 065	884 194
猪肉产量	吨	146 256	2 142 929

4 - 4 续　表

项　目	单位	牧区县	半牧区县
羊肉产量	吨	589 636	857 711
奶产量	吨	1 835 480	2 994 588
毛产量	吨	68 426	91 555
其中：山羊绒产量	吨	3 491	2 964
山羊毛产量	吨	2 874	5 433
绵羊毛产量	吨	62 061	83 159
其中：细羊毛产量	吨	11 568	32 501
半细羊毛产量	吨	10 905	21 293
牛皮产量	万张	338.3	368.7
羊皮产量	万张	2 829.7	3 586.3
牛出栏	头	4 229 214	5 570 961
羊出栏	头	33 748 963	51 487 923
四、畜产品出售情况			
出售肉类总产量	吨	1 110 107	3 647 829
其中：牛肉产量	吨	433 149	689 601
猪肉产量	吨	126 096	1 769 582
羊肉产量	吨	516 672	709 034
出售奶总量	吨	1 407 981	2 517 862
出售羊绒总量	吨	3 411	2 748
出售羊毛总量	吨	59 962	75 072

4-5　全国生猪饲养规模比重变化情况

单位:%

项　目	2018 年	2017 年
年出栏 1~49 头	23.7	25.2
年出栏 50 头以上	76.3	74.8
年出栏 100 头以上	66.9	64.6
年出栏 500 头以上	49.1	46.9
年出栏 1 000 头以上	38.3	35.9
年出栏 3 000 头以上	26.0	24.1
年出栏 5 000 头以上	20.3	18.7
年出栏 10 000 头以上	14.5	13.1
年出栏 50 000 头以上	5.4	4.3

注：此表比重指不同规模年出栏数占全部出栏数比重。

4-6　全国蛋鸡饲养规模比重变化情况

单位:%

项　目	2018 年	2017 年
年存栏 1~499 只	14.0	15.3
年存栏 500 只以上	86.1	84.7
年存栏 2 000 只以上	76.2	73.8
年存栏 10 000 只以上	48.6	44.7
年存栏 50 000 只以上	18.5	16.2
年存栏 100 000 只以上	11.2	9.5
年存栏 500 000 只以上	2.8	2.4

注：此表比重指不同规模年存栏数占全部存栏数比重。

4-7   全国肉鸡饲养规模比重变化情况

单位：％

项 目	2018 年	2017 年
年出栏 1~1 999 只	10.7	11.9
年出栏 2 000 只以上	89.3	88.1
年出栏 10 000 只以上	80.7	78.7
年出栏 30 000 只以上	69.8	67.1
年出栏 50 000 只以上	59.1	56.3
年出栏 100 000 只以上	46.3	43.2
年出栏 500 000 只以上	30.1	28.1
年出栏 100 万只以上	23.0	21.0

注：此表比重指不同规模年出栏数占全部出栏数比重。

4-8   全国奶牛饲养规模比重变化情况

单位：％

项 目	2018 年	2017 年
年存栏 1~49 头	34.1	35.9
年存栏 50 头以上	66.0	64.2
年存栏 100 头以上	61.4	58.3
年存栏 200 头以上	59.1	53.8
年存栏 500 头以上	50.7	45.2
年存栏 1 000 头以上	38.9	34.0
年存栏 2 000 头以上	27.8	23.1
年存栏 5 000 头以上	14.6	11.3

注：此表比重指不同规模年存栏数占全部存栏数比重。

4-9　全国肉牛饲养规模比重变化情况

单位：％

项　　目	2018 年	2017 年
年出栏 1～9 头	53.0	54.9
年出栏 10 头以上	47.1	45.2
年出栏 50 头以上	26.0	26.3
年出栏 100 头以上	16.9	17.7
年出栏 500 头以上	7.1	8.1
年出栏 1 000 头以上	3.9	4.4

注：此表比重指不同规模年出栏数占全部出栏数比重。

4-10　全国羊饲养规模比重变化情况

单位：％

项　　目	2018 年	2017 年
年出栏 1～29 只	36.0	37.0
年出栏 30 只以上	64.0	63.0
年出栏 100 只以上	38.0	38.7
年出栏 200 只以上	25.8	26.2
年出栏 500 只以上	15.5	15.3
年出栏 1 000 只以上	9.6	9.1
年出栏 3 000 只以上	5.1	4.7

注：此表比重指不同规模年出栏数占全部出栏数比重。

4-11 各地区种畜站当年生产精液情况

单位：万份

地 区	种公牛站	种公羊站	种公猪站
全国总计	3 240.6	1.1	3 763.3
北　京	179.6	0.0	4.5
天　津	30.0	0.0	75.3
河　北	143.2	1.0	166.6
山　西	91.6	0.0	19.8
内 蒙 古	354.0	0.0	19.3
辽　宁	201.3	0.0	158.0
吉　林	606.0	0.0	132.5
黑 龙 江	98.8	0.0	37.2
上　海	55.5	0.0	7.2
江　苏	0.0	0.0	253.0
浙　江	0.0	0.0	39.0
安　徽	43.6	0.0	179.9
福　建	0.0	0.0	2.7
江　西	55.2	0.0	96.5
山　东	126.1	0.0	432.2
河　南	672.5	0.0	347.7
湖　北	23.0	0.0	125.1
湖　南	54.0	0.0	472.9
广　东	0.0	0.0	73.3
广　西	56.6	0.0	3.6
海　南	0.0	0.0	0.0
重　庆	0.0	0.0	120.1
四　川	30.2	0.0	458.2
贵　州	0.0	0.0	22.7
云　南	119.3	0.0	399.1
西　藏	1.5	0.0	0.0
陕　西	44.3	0.0	91.9
甘　肃	65.0	0.0	21.6
青　海	8.1	0.0	0.0
宁　夏	0.0	0.0	3.5
新　疆	181.3	0.0	0.0

4－12　各地区种畜禽场站个数

单位：个

地　　　区	种畜禽场总数	种牛场	种奶牛场	种肉牛场	种水牛场	种牦牛场	种马场	种猪场
全国总计	**7 806**	**521**	**241**	**227**	**9**	**44**	**31**	**3 431**
北　　京	93	9	9	0	0	0	2	41
天　　津	34	3	2	1	0	0	1	17
河　　北	265	8	5	3	0	0	0	126
山　　西	215	17	13	4	0	0	0	99
内　蒙　古	588	65	19	46	0	0	11	54
辽　　宁	557	66	62	4	0	0	0	217
吉　　林	259	10	0	10	0	0	1	126
黑　龙　江	109	13	10	3	0	0	2	55
上　　海	40	0	0	0	0	0	0	13
江　　苏	233	5	2	1	2	0	0	80
浙　　江	171	5	2	2	1	0	0	32
安　　徽	350	10	1	9	0	0	0	135
福　　建	374	13	13	0	0	0	0	237
江　　西	143	1	0	1	0	0	0	94
山　　东	628	32	24	8	0	0	2	163
河　　南	272	12	10	2	0	0	0	132
湖　　北	350	8	1	7	0	0	0	232
湖　　南	356	15	2	12	1	0	0	248
广　　东	444	7	3	4	0	0	1	265
广　　西	204	10	1	8	1	0	1	93
海　　南	262	13	2	10	1	0	0	135
重　　庆	208	9	4	4	1	0	0	98
四　　川	366	28	6	8	0	14	0	219
贵　　州	103	12	1	11	0	0	0	50
云　　南	329	18	2	13	2	1	0	215
西　　藏	49	21	14	3	0	4	0	4
陕　　西	273	14	4	10	0	0	2	141
甘　　肃	261	46	11	29	0	6	2	67
青　　海	61	23	3	2	0	18	2	8
宁　　夏	30	8	5	3	0	0	0	7
新　　疆	179	20	10	9	0	1	4	28

4－12　续表 1

单位：个

地　区	种羊场	种绵羊场	种细毛羊场	种山羊场	种绒山羊场	种禽场	种蛋鸡场
全国总计	1 424	904	136	520	129	2 116	511
北　京	3	3	0	0	0	38	20
天　津	3	3	0	0	0	9	7
河　北	29	20	1	9	9	97	49
山　西	66	40	1	26	13	27	17
内　蒙　古	442	380	75	62	50	12	3
辽　宁	33	10	3	23	21	235	37
吉　林	22	20	8	2	1	70	16
黑　龙　江	5	5	3	0	0	31	8
上　海	3	1	0	2	0	6	4
江　苏	14	7	0	7	0	131	28
浙　江	25	25	0	0	0	77	8
安　徽	33	9	1	24	0	158	25
福　建	8	0	0	8	0	108	4
江　西	11	1	0	10	0	33	14
山　东	36	19	0	17	3	360	58
河　南	33	28	2	5	0	90	33
湖　北	27	5	0	22	0	76	47
湖　南	25	0	0	25	0	55	18
广　东	4	0	0	4	0	143	20
广　西	20	0	0	20	0	78	7
海　南	40	0	0	40	0	66	5
重　庆	56	0	0	56	0	30	5
四　川	46	8	1	38	0	57	13
贵　州	16	5	0	11	1	21	5
云　南	56	11	2	45	0	36	13
西　藏	21	15	3	6	1	3	3
陕　西	76	26	3	50	25	35	18
甘　肃	133	130	14	3	2	9	7
青　海	25	25	0	0	0	2	1
宁　夏	8	7	0	1	0	7	6
新　疆	105	101	19	4	3	16	12

4－12　续表 2

单位：个

地　区	祖代及以上蛋鸡场	父母代蛋鸡场	种肉鸡场	祖代及以上肉鸡场	父母代肉鸡场	种鸭场	种鹅场
全国总计	**78**	**433**	**1 195**	**136**	**1 059**	**288**	**122**
北　京	9	11	16	8	8	2	0
天　津	0	7	2	0	2	0	0
河　北	6	43	36	6	30	12	0
山　西	2	15	8	0	8	2	0
内　蒙　古	2	1	6	3	3	3	0
辽　宁	2	35	178	3	175	13	7
吉　林	0	16	50	3	47	3	1
黑　龙　江	3	5	17	0	17	4	2
上　海	0	4	2	2	0	0	0
江　苏	6	22	70	15	55	23	10
浙　江	3	5	28	4	24	19	22
安　徽	4	21	86	11	75	29	18
福　建	0	4	92	12	80	10	2
江　西	5	9	9	4	5	7	3
山　东	5	53	187	6	181	105	10
河　南	8	25	49	3	46	7	1
湖　北	7	40	26	4	22	3	0
湖　南	3	15	23	3	20	6	8
广　东	5	15	96	14	82	10	17
广　西	0	7	60	11	49	10	1
海　南	0	5	48	2	46	4	9
重　庆	0	5	20	1	19	4	1
四　川	2	11	32	9	23	8	4
贵　州	1	4	16	2	14	0	0
云　南	1	12	18	5	13	1	4
西　藏	0	3	0	0	0	0	0
陕　西	2	16	13	4	9	3	1
甘　肃	1	6	2	0	2	0	0
青　海	0	1	1	0	1	0	0
宁　夏	1	5	1	0	1	0	0
新　疆	0	12	3	1	2	0	1

4－12　续表 3

单位：个

地　　区	种兔场	种蜂场	其他	种畜站总数	种公牛站	种公羊站	种公猪站
全国总计	**79**	**75**	**129**	**1 651**	**41**	**18**	**1 592**
北　　京	0	0	0	3	1	0	2
天　　津	0	0	1	11	1	0	10
河　　北	1	0	4	29	3	1	25
山　　西	0	2	4	7	1	0	6
内　蒙　古	1	0	3	18	4	7	7
辽　　宁	3	1	2	80	2	1	77
吉　　林	2	1	27	23	4	0	19
黑　龙　江	1	0	2	33	2	0	31
上　　海	1	0	17	4	2	0	2
江　　苏	2	0	1	44	0	0	44
浙　　江	8	16	8	19	0	0	19
安　　徽	3	3	8	28	1	0	27
福　　建	6	1	1	2	0	0	2
江　　西	1	2	1	13	1	0	12
山　　东	10	14	11	63	3	0	60
河　　南	3	0	2	76	4	0	72
湖　　北	2	4	1	66	1	0	65
湖　　南	3	6	4	134	1	0	133
广　　东	2	4	18	10	0	0	10
广　　西	0	0	2	2	1	0	1
海　　南	0	3	5	2	0	0	2
重　　庆	5	10	0	33	0	0	33
四　　川	12	4	0	352	1	9	342
贵　　州	3	0	1	3	0	0	3
云　　南	3	1	0	561	2	0	559
西　　藏	0	0	0	1	1	0	0
陕　　西	4	0	1	25	2	0	23
甘　　肃	3	1	0	5	1	0	4
青　　海	0	1	0	1	1	0	0
宁　　夏	0	0	0	2	0	0	2
新　　疆	0	1	5	1	1	0	0

4-13　各地区种畜禽场站年末存栏情况

单位：个、头、只、套、箱、匹

地　区	种牛场	种奶牛场	种肉牛场	种水牛场	种牦牛场	种马场
全国总计	1 043 393	748 499	164 743	3 776	126 375	11 341
北　京	12 452	12 452	0	0	0	222
天　津	5 154	3 917	1 237	0	0	143
河　北	9 863	7 588	2 275	0	0	0
山　西	81 415	78 081	3 334	0	0	0
内 蒙 古	160 435	100 571	59 864	0	0	3 437
辽　宁	132 382	131 664	718	0	0	0
吉　林	4 941	0	4 941	0	0	54
黑 龙 江	54 602	50 799	3 803	0	0	482
上　海	0	0	0	0	0	0
江　苏	7 741	7 257	160	324	0	0
浙　江	5 053	4 623	304	126	0	0
安　徽	5 745	2 800	2 945	0	0	0
福　建	15 385	15 385	0	0	0	0
江　西	225	0	225	0	0	0
山　东	147 225	144 374	2 851	0	0	270
河　南	25 828	25 139	689	0	0	0
湖　北	8 428	4 596	3 832	0	0	0
湖　南	9 212	1 134	6 435	1 643	0	0
广　东	7 858	5 974	1 884	0	0	121
广　西	7 733	138	6 815	780	0	165
海　南	5 608	691	4 647	270	0	0
重　庆	4 683	2 661	1 991	31	0	5
四　川	42 536	6 347	3 429	0	32 760	0
贵　州	8 843	2 885	5 958	0	0	0
云　南	14 622	5 318	8 472	602	230	0
西　藏	10 307	8 596	420	0	1 291	0
陕　西	24 466	16 214	8 252	0	0	253
甘　肃	54 676	26 345	12 326	0	16 005	2 267
青　海	75 074	4 628	469	0	69 977	548
宁　夏	38 519	33 469	5 050	0	0	0
新　疆	62 382	44 853	11 417	0	6 112	3 374

4-13 续表1

单位：个、头、只、套、箱

地 区	种猪场	种羊场	种绵羊场	种细毛羊场	种山羊场	种绒山羊场
全国总计	17 910 954	2 889 303	2 236 978	302 281	652 325	134 955
北 京	197 910	3 053	3 053	0	0	0
天 津	164 717	62 788	62 788	0	0	0
河 北	938 433	64 835	58 552	1 250	6 283	6 283
山 西	404 440	87 550	66 881	400	20 669	10 057
内 蒙 古	704 856	646 627	584 652	90 849	61 975	50 527
辽 宁	230 017	23 236	17 004	3 400	6 232	6 115
吉 林	349 753	32 344	29 704	19 848	2 640	2 435
黑 龙 江	311 563	11 385	11 385	7 810	0	0
上 海	13 067	3 300	2 136	0	1 164	0
江 苏	529 252	83 770	79 747	0	4 023	0
浙 江	216 136	71 526	71 526	0	0	0
安 徽	611 717	158 998	25 408	400	133 590	0
福 建	1 152 913	4 649	0	0	4 649	0
江 西	321 931	14 834	4 522	0	10 312	0
山 东	744 216	114 682	101 537	0	13 145	2 520
河 南	2 166 300	124 465	114 603	5 700	9 862	0
湖 北	1 243 645	93 985	19 436	0	74 549	0
湖 南	1 485 374	17 354	0	0	17 354	0
广 东	1 934 899	6 376	0	0	6 376	0
广 西	756 910	33 443	0	0	33 443	0
海 南	475 202	32 017	0	0	32 017	0
重 庆	202 326	22 997	0	0	22 997	0
四 川	768 954	46 051	7 594	1 500	38 457	0
贵 州	282 144	25 825	6 518	0	19 307	700
云 南	596 351	53 308	9 733	1 741	43 575	0
西 藏	1 768	19 043	16 297	3 322	2 746	810
陕 西	469 206	53 172	18 454	2 284	34 718	12 570
甘 肃	335 875	261 192	258 560	13 412	2 632	1 428
青 海	24 303	204 654	204 654	0	0	0
宁 夏	20 679	27 178	25 078	0	2 100	0
新 疆	256 097	484 666	437 156	150 365	47 510	41 510

4－13　续表2

单位：个、头、只、套、箱

地　　区	种蛋鸡场	祖代及以上蛋鸡场	父母代蛋鸡场	种肉鸡场	祖代及以上肉鸡场	父母代肉鸡场
全国总计	36 150 368	5 009 818	31 140 550	91 584 461	8 698 979	82 885 482
北　　京	1 305 069	391 411	913 658	482 465	117 840	364 625
天　　津	235 524	0	235 524	63 896	0	63 896
河　　北	3 966 300	325 000	3 641 300	1 931 832	214 500	1 717 332
山　　西	874 000	170 000	704 000	773 000	0	773 000
内　蒙　古	155 600	55 600	100 000	680 000	80 000	600 000
辽　　宁	2 685 540	60 000	2 625 540	9 293 613	35 100	9 258 513
吉　　林	725 750	0	725 750	1 856 888	123 000	1 733 888
黑　龙　江	1 016 523	346 288	670 235	472 900	0	472 900
上　　海	53 492	0	53 492	16 800	16 800	0
江　　苏	1 335 700	289 700	1 046 000	5 093 540	599 540	4 494 000
浙　　江	461 242	89 700	371 542	1 572 339	474 655	1 097 684
安　　徽	1 644 837	228 100	1 416 737	4 131 493	330 850	3 800 643
福　　建	228 600	0	228 600	5 669 652	173 141	5 496 511
江　　西	1 407 720	266 200	1 141 520	897 170	308 100	589 070
山　　东	2 867 737	219 036	2 648 701	19 225 563	671 060	18 554 503
河　　南	5 286 154	1 989 132	3 297 022	7 259 290	1 306 276	5 953 014
湖　　北	3 589 907	95 400	3 494 507	2 179 014	166 000	2 013 014
湖　　南	798 518	94 500	704 018	2 741 849	55 200	2 686 649
广　　东	1 180 149	214 036	966 113	9 003 017	1 678 535	7 324 482
广　　西	408 003	0	408 003	9 523 957	1 432 015	8 091 942
海　　南	90 395	0	90 395	3 026 193	153 000	2 873 193
重　　庆	322 842	0	322 842	372 702	10 657	362 045
四　　川	842 780	74 130	768 650	1 794 185	372 967	1 421 218
贵　　州	347 905	13 485	334 420	552 600	33 000	519 600
云　　南	961 586	2 000	959 586	1 333 323	106 843	1 226 480
西　　藏	31 200	0	31 200	0	0	0
陕　　西	494 955	49 000	445 955	876 680	223 900	652 780
甘　　肃	189 100	30 000	159 100	154 500	0	154 500
青　　海	5 500	0	5 500	5 000	0	5 000
宁　　夏	2 055 100	7 100	2 048 000	450 000	0	450 000
新　　疆	582 640	0	582 640	151 000	16 000	135 000

4-13　续表 3

单位：个、头、只、套、箱

地　　区	种鸭场	种鹅场	种兔场	种蜂场	种公牛站	种公羊站	种公猪站
全国总计	14 498 920	1 503 032	767 636	70 118 946	4 252	1 236	79 749
北　　京	53 200	0	0	0	297	0	371
天　　津	0	0	0	0	69	0	642
河　　北	436 100	0	900	0	253	60	2 148
山　　西	162 500	0	0	500	81	0	444
内　蒙　古	260 000	0	5 218	0	586	778	426
辽　　宁	487 208	22 300	2 615	280	285	30	7 056
吉　　林	158 000	10 000	68 000	822	450	0	369
黑　龙　江	179 500	34 500	2 000	0	223	0	10 971
上　　海	0	0	5 000	0	181	0	319
江　　苏	786 855	185 206	12 900	0	0	0	2 309
浙　　江	344 900	268 079	63 285	3 780	0	0	814
安　　徽	1 765 730	103 030	7 500	9 535	72	0	14 227
福　　建	323 000	9 500	86 480	492	0	0	168
江　　西	215 360	14 800	3 200	945	65	0	979
山　　东	6 912 362	141 500	81 129	9 073	240	0	4 590
河　　南	826 000	13 769	70 000	0	541	0	9 503
湖　　北	173 552	0	12 505	70 000 583	60	0	1 412
湖　　南	156 310	345 286	48 100	6 262	56	0	6 845
广　　东	259 613	137 451	5 719	480	0	0	2 074
广　　西	619 700	2 000	0	0	84	0	368
海　　南	54 319	30 660	0	8 948	0	0	206
重　　庆	62 796	10 000	18 723	2 932	0	0	1 348
四　　川	61 793	67 080	97 454	8 682	61	368	4 644
贵　　州	0	0	19 180	0	0	0	166
云　　南	9 122	96 671	44 248	140	127	0	5 088
西　　藏	0	0	0	0	58	0	0
陕　　西	191 000	4 500	80 280	0	122	0	2 005
甘　　肃	0	0	33 200	22 500	72	0	234
青　　海	0	0	0	800	55	0	0
宁　　夏	0	0	0	0	0	0	23
新　　疆	0	6 700	0	42 192	214	0	0

4-14 各地区种畜禽场能繁母畜存栏情况

单位：头、匹

地　区	种牛场	种奶牛场	种肉牛场	种水牛场	种牦牛场	种马场
全国总计	636 926	466 597	101 810	2 151	66 368	6 018
北　京	6 593	6 593	0	0	0	97
天　津	1 722	1 497	225	0	0	46
河　北	6 214	4 858	1 356	0	0	0
山　西	43 596	40 866	2 730	0	0	0
内　蒙古	102 227	62 765	39 462	0	0	1 807
辽　宁	112 804	112 286	518	0	0	0
吉　林	2 810	0	2 810	0	0	42
黑龙江	27 999	25 485	2 514	0	0	236
上　海	0	0	0	0	0	0
江　苏	6 350	5 990	110	250	0	0
浙　江	2 662	2 402	180	80	0	0
安　徽	3 407	1 700	1 707	0	0	0
福　建	9 592	9 592	0	0	0	0
江　西	210	0	210	0	0	0
山　东	86 658	84 515	2 143	0	0	110
河　南	17 691	17 242	449	0	0	0
湖　北	4 596	2 326	2 270	0	0	0
湖　南	4 487	22	3 596	869	0	0
广　东	2 809	1 999	810	0	0	4
广　西	4 761	68	4 243	450	0	120
海　南	3 458	388	2 870	200	0	0
重　庆	2 701	1 599	1 078	24	0	0
四　川	22 000	4 142	1 973	0	15 885	0
贵　州	5 098	1 402	3 696	0	0	0
云　南	8 297	3 203	4 686	278	130	0
西　藏	7 014	5 931	302	0	781	0
陕　西	14 411	9 730	4 681	0	0	182
甘　肃	28 531	14 042	7 058	0	7 431	1 194
青　海	42 121	2 828	350	0	38 943	274
宁　夏	21 449	18 194	3 255	0	0	0
新　疆	34 658	24 932	6 528	0	3 198	1 906

4-14　续　　表

单位：头、只

地　区	种猪场	种羊场	种绵羊场	种细毛羊场	种山羊场	种绒山羊场
全国总计	3 881 448	1 727 099	1 370 747	196 939	356 352	90 278
北　京	24 824	1 116	1 116	0	0	0
天　津	18 464	34 645	34 645	0	0	0
河　北	158 306	39 053	35 541	810	3 512	3 512
山　西	101 011	49 468	38 829	260	10 639	4 974
内　蒙　古	125 237	402 789	365 064	62 338	37 725	33 805
辽　宁	142 683	12 674	7 962	1 580	4 712	4 617
吉　林	145 948	20 592	19 251	12 670	1 341	1 175
黑　龙　江	42 668	8 960	8 960	6 080	0	0
上　海	11 308	2 691	2 107	0	584	0
江　苏	169 328	42 450	39 690	0	2 760	0
浙　江	23 199	33 989	33 989	0	0	0
安　徽	140 969	72 066	11 728	200	60 338	0
福　建	132 219	1 915	0	0	1 915	0
江　西	106 258	9 533	3 800	0	5 733	0
山　东	172 609	69 464	61 597	0	7 867	985
河　南	273 588	64 783	62 414	4 300	2 369	0
湖　北	275 718	38 852	9 942	0	28 910	0
湖　南	305 326	10 580	0	0	10 580	0
广　东	419 347	3 086	0	0	3 086	0
广　西	233 756	14 742	0	0	14 742	0
海　南	111 801	20 244	0	0	20 244	0
重　庆	65 272	16 616	0	0	16 616	0
四　川	238 164	27 526	3 724	800	23 802	0
贵　州	92 983	15 738	3 844	0	11 894	700
云　南	97 200	31 203	6 794	988	24 409	0
西　藏	1 432	7 370	6 087	1 138	1 283	423
陕　西	113 730	32 908	11 088	1 198	21 820	8 466
甘　肃	87 929	158 429	156 120	7 582	2 309	1 109
青　海	2 689	131 162	131 162	0	0	0
宁　夏	5 942	17 249	15 549	0	1 700	0
新　疆	41 540	335 206	299 744	96 995	35 462	30 512

4-15　各地区种畜禽场当年出场种畜禽情况

单位：头、只、套、匹

地　区	种牛场	种奶牛场	种肉牛场	种水牛场	种牦牛场	种马场	种猪场
全国总计	87 002	44 705	27 198	783	14 316	1 334	15 948 117
北　京	0	0	0	0	0	0	49 826
天　津	0	0	0	0	0	14	46 912
河　北	423	43	380	0	0	0	490 913
山　西	1 397	1 354	43	0	0	0	459 709
内　蒙　古	21 188	9 814	11 374	0	0	396	809 100
辽　宁	5 360	5 090	270	0	0	0	626 510
吉　林	885	0	885	0	0	11	137 096
黑　龙　江	329	280	49	0	0	0	181 456
上　海	0	0	0	0	0	0	25 953
江　苏	483	398	55	30	0	0	567 794
浙　江	917	842	50	25	0	0	63 595
安　徽	169	0	169	0	0	0	461 339
福　建	1 255	1 255	0	0	0	0	311 559
江　西	90	0	90	0	0	0	453 571
山　东	11 661	10 902	759	0	0	0	1 234 506
河　南	3 886	3 851	35	0	0	0	1 471 927
湖　北	956	0	956	0	0	0	814 510
湖　南	1 997	10	1 553	434	0	0	1 406 001
广　东	125	0	125	0	0	4	1 926 079
广　西	1 889	0	1 889	0	0	0	1 005 334
海　南	1 051	0	958	93	0	0	791 613
重　庆	454	118	330	6	0	0	210 664
四　川	4 443	450	471	0	3 522	0	1 014 036
贵　州	871	0	871	0	0	0	176 636
云　南	2 205	480	1 530	195	0	0	289 478
西　藏	380	0	142	0	238	0	110
陕　西	3 814	2 692	1 122	0	0	2	615 055
甘　肃	7 443	1 850	2 475	0	3 118	214	242 519
青　海	7 616	433	5	0	7 178	82	7 035
宁　夏	1 189	1 109	80	0	0	0	10 374
新　疆	4 526	3 734	532	0	260	611	46 907

4-15 续　　表

单位：头、只、套

地　区	种羊场	种绵羊场	种细毛羊场	种山羊场	种绒山羊场	祖代及以上蛋鸡场	祖代及以上肉鸡场
全国总计	1 181 673	928 428	77 625	253 245	46 477	63 988 956	78 608 449
北　京	650	650	0	0	0	8 555 000	0
天　津	24 076	24 076	0	0	0	0	0
河　北	44 215	41 945	570	2 270	2 270	7 392 850	220 000
山　西	28 410	24 008	1 000	4 402	2 570	0	0
内　蒙　古	265 869	240 702	39 469	25 167	23 267	20 000	3 300 000
辽　宁	12 614	8 513	56	4 101	3 816	3 250 000	500 000
吉　林	16 553	15 426	9 688	1 127	1 000	0	287 500
黑　龙　江	11 418	11 418	9 818	0	0	0	0
上　海	5 063	4 793	0	270	0	0	0
江　苏	34 247	34 031	0	216	0	5 644 000	15 188 040
浙　江	33 791	33 791	0	0	0	1 562 000	2 227 335
安　徽	30 612	9 999	200	20 613	0	304 000	1 834 890
福　建	541	0	0	541	0	0	124 580
江　西	10 880	7 200	0	3 680	0	1 109 800	2 780 000
山　东	60 859	53 425	0	7 434	666	5 500 000	18 854 050
河　南	54 456	50 805	3 400	3 651	0	29 838 855	4 272 600
湖　北	40 685	7 633	0	33 052	0	29 386	3 500 000
湖　南	11 224	0	0	11 224	0	124 000	50 000
广　东	3 861	0	0	3 861	0	158 733	16 450 000
广　西	11 561	0	0	11 561	0	0	221 000
海　南	13 730	0	0	13 730	0	0	1 875 000
重　庆	31 768	0	0	31 768	0	0	1 412
四　川	34 884	2 350	280	32 534	0	92 532	6 450 342
贵　州	5 178	1 034	0	4 144	1 200	48 300	85 000
云　南	18 573	2 510	168	16 063	0	0	0
西　藏	1 678	1 070	37	608	423	0	0
陕　西	21 843	5 977	343	15 866	8 603	300 000	386 700
甘　肃	210 503	209 351	4 288	1 152	1 152	55 000	0
青　海	30 219	30 219	0	0	0	0	0
宁　夏	11 849	11 649	0	200	0	4 500	0
新　疆	99 863	95 853	8 308	4 010	1 510	0	0

4-16　各地区种禽场当年生产胚胎情况

单位：枚

地　区	种牛场	种奶牛场	种肉牛场	种水牛场	种牦牛场
全国总计	**70 003**	**55 923**	**13 213**	**0**	**867**
北　　京	0	0	0	0	0
天　　津	0	0	0	0	0
河　　北	22 452	20 971	1 481	0	0
山　　西	0	0	0	0	0
内　蒙　古	8 180	7 000	1 180	0	0
辽　　宁	2	2	0	0	0
吉　　林	0	0	0	0	0
黑　龙　江	0	0	0	0	0
上　　海	0	0	0	0	0
江　　苏	0	0	0	0	0
浙　　江	0	0	0	0	0
安　　徽	650	500	150	0	0
福　　建	1 536	1 536	0	0	0
江　　西	0	0	0	0	0
山　　东	13 902	13 902	0	0	0
河　　南	360	300	60	0	0
湖　　北	764	0	764	0	0
湖　　南	3 599	0	3 599	0	0
广　　东	707	707	0	0	0
广　　西	1 853	0	1 853	0	0
海　　南	223	0	223	0	0
重　　庆	160	160	0	0	0
四　　川	2 396	1 309	1 087	0	0
贵　　州	552	0	552	0	0
云　　南	296	0	249	0	47
西　　藏	945	256	289	0	400
陕　　西	5 593	5 593	0	0	0
甘　　肃	1 297	0	1 297	0	0
青　　海	1 408	988	0	0	420
宁　　夏	429	0	429	0	0
新　　疆	2 699	2 699	0	0	0

4－16 续   表

单位：枚

地 区	种羊场	种绵羊场	种细毛羊场	种山羊场	种绒山羊场
全国总计	**122 706**	**92 816**	**22 066**	**29 890**	**2 499**
北　　京	0	0	0	0	0
天　　津	0	0	0	0	0
河　　北	0	0	0	0	0
山　　西	10 635	10 635	390	0	0
内　蒙　古	51 514	49 484	11 780	2 030	2 030
辽　　宁	709	709	0	0	0
吉　　林	0	0	0	0	0
黑　龙　江	760	760	0	0	0
上　　海	0	0	0	0	0
江　　苏	0	0	0	0	0
浙　　江	0	0	0	0	0
安　　徽	80	0	0	80	0
福　　建	0	0	0	0	0
江　　西	0	0	0	0	0
山　　东	961	0	0	961	0
河　　南	411	411	0	0	0
湖　　北	1 098	448	0	650	0
湖　　南	3 932	0	0	3 932	0
广　　东	1 409	0	0	1 409	0
广　　西	5 929	0	0	5 929	0
海　　南	1 623	0	0	1 623	0
重　　庆	913	0	0	913	0
四　　川	5 583	162	0	5 421	0
贵　　州	3 062	0	0	3 062	0
云　　南	923	0	0	923	0
西　　藏	4 996	3 945	474	1 051	423
陕　　西	2 936	1 030	309	1 906	46
甘　　肃	10 098	10 098	6 313	0	0
青　　海	0	0	0	0	0
宁　　夏	1 328	1 328	0	0	0
新　　疆	13 806	13 806	2 800	0	0

4－17　各地区畜牧站基本情况

单位：个、人

地　　区	省级机构数	在编干部职工人数	按职称分		
			高级技术职称	中级技术职称	初级技术职称
全国总计	**31**	**1 395**	**495**	**362**	**223**
北　　京	1	69	21	28	19
天　　津	1	18	8	10	0
河　　北	1	46	31	10	1
山　　西	1	9	2	3	3
内　蒙　古	1	83	26	16	9
辽　　宁	1	24	0	0	0
吉　　林	1	17	6	6	1
黑　龙　江	1	116	77	18	0
上　　海	1	82	24	34	22
江　　苏	1	17	11	3	3
浙　　江	1	19	8	9	1
安　　徽	1	12	5	5	1
福　　建	1	18	9	5	4
江　　西	1	55	21	16	17
山　　东	1	30	14	10	4
河　　南	1	31	14	7	7
湖　　北	1	7	3	0	2
湖　　南	2	172	50	32	25
广　　东	1	19	10	3	3
广　　西	1	30	8	11	6
海　　南	1	15	4	2	2
重　　庆	1	43	15	9	2
四　　川	1	48	19	14	7
贵　　州	1	26	11	5	0
云　　南	0	0	0	0	0
西　　藏	1	66	12	16	21
陕　　西	1	51	14	23	6
甘　　肃	1	128	23	27	24
青　　海	1	42	12	14	7
宁　　夏	1	27	16	4	1
新　　疆	1	75	21	22	25

4－17　续表1

单位：个、人

地　　区	按学历分				离退休人员
	研究生	大学本科	大学专科	中专	
全国总计	**315**	**681**	**182**	**35**	**821**
北　　京	31	25	11	0	21
天　　津	5	13	0	0	4
河　　北	1	40	1	4	6
山　　西	3	6	0	0	0
内　蒙　古	7	30	14	0	32
辽　　宁	8	11	4	1	15
吉　　林	5	10	2	0	9
黑　龙　江	8	74	13	1	85
上　　海	42	35	1	1	39
江　　苏	6	5	3	3	17
浙　　江	9	6	4	0	1
安　　徽	4	4	4	0	4
福　　建	11	4	2	1	16
江　　西	16	17	6	1	74
山　　东	12	9	5	2	6
河　　南	9	16	5	0	12
湖　　北	1	5	1	0	0
湖　　南	18	78	25	7	89
广　　东	8	7	0	0	0
广　　西	5	20	3	0	11
海　　南	2	7	4	1	1
重　　庆	20	13	10	0	20
四　　川	22	14	8	1	0
贵　　州	5	11	0	0	42
云　　南	0	0	0	0	0
西　　藏	8	27	19	6	32
陕　　西	7	35	7	0	73
甘　　肃	13	68	13	4	111
青　　海	8	27	4	1	26
宁　　夏	5	20	2	0	18
新　　疆	16	44	11	1	57

4－17 续表 2

单位：个、人

地 区	地（市）级机构数	在编干部职工人数	按职称分		
			高级技术职称	中级技术职称	初级技术职称
全国总计	**260**	**4 398**	**1 189**	**1 286**	**782**
北　　京	0	0	0	0	0
天　　津	0	0	0	0	0
河　　北	13	272	81	69	62
山　　西	5	94	9	14	7
内　蒙　古	12	349	101	72	53
辽　　宁	10	80	16	19	12
吉　　林	9	129	47	35	31
黑　龙　江	9	130	73	43	10
上　　海	0	0	0	0	0
江　　苏	12	165	90	48	20
浙　　江	12	275	4	8	7
安　　徽	14	172	36	48	39
福　　建	9	79	15	11	13
江　　西	5	83	29	21	22
山　　东	11	181	56	77	29
河　　南	8	129	41	54	18
湖　　北	8	39	4	11	15
湖　　南	9	98	12	25	17
广　　东	8	86	13	24	17
广　　西	14	119	27	55	20
海　　南	1	5	1	3	1
重　　庆	0	0	0	0	0
四　　川	17	264	75	90	42
贵　　州	7	72	23	29	8
云　　南	14	268	113	88	40
西　　藏	4	138	13	45	41
陕　　西	10	293	48	76	86
甘　　肃	12	269	69	96	46
青　　海	8	196	71	69	44
宁　　夏	3	39	19	13	1
新　　疆	16	374	103	143	81

4－17　续表 3

单位：个、人

地　　区	按学历分				离退休人员
	研究生	大学本科	大学专科	中专	
全国总计	**600**	**2 238**	**696**	**215**	**2 297**
北　　京	0	0	0	0	0
天　　津	0	0	0	0	0
河　　北	9	81	21	15	105
山　　西	12	64	10	0	81
内　蒙　古	44	159	51	18	328
辽　　宁	10	47	10	5	71
吉　　林	16	78	27	8	125
黑　龙　江	45	65	17	2	127
上　　海	0	0	0	0	0
江　　苏	41	95	15	2	90
浙　　江	60	190	21	3	118
安　　徽	19	88	33	14	37
福　　建	10	52	13	3	28
江　　西	11	49	7	0	30
山　　东	43	107	17	4	132
河　　南	4	65	30	14	63
湖　　北	8	19	7	4	5
湖　　南	5	36	15	12	17
广　　东	2	15	7	3	43
广　　西	15	71	22	7	50
海　　南	0	0	0	0	0
重　　庆	0	0	0	0	0
四　　川	55	109	67	9	38
贵　　州	20	35	7	1	17
云　　南	37	152	56	13	145
西　　藏	5	77	35	7	24
陕　　西	34	110	44	22	146
甘　　肃	28	107	58	12	103
青　　海	6	139	27	15	146
宁　　夏	6	25	6	2	20
新　　疆	55	203	73	20	208

4-17　续表4

单位：个、人

地　区	县（市）级机构数	在编干部职工人数	按职称分		
			高级技术职称	中级技术职称	初级技术职称
全国总计	2 667	43 198	6 267	13 332	11 677
北　　京	6	196	11	42	62
天　　津	11	358	53	137	140
河　　北	172	2 961	503	956	893
山　　西	94	1 213	73	297	321
内　蒙　古	91	1 663	270	509	354
辽　　宁	66	863	136	354	230
吉　　林	61	1 187	290	357	354
黑　龙　江	117	865	306	309	164
上　　海	10	229	55	77	85
江　　苏	91	1 485	505	554	317
浙　　江	93	2 009	103	462	387
安　　徽	106	1 473	324	509	391
福　　建	79	310	69	110	85
江　　西	101	1 167	207	424	363
山　　东	141	2 962	267	957	1 002
河　　南	127	4 604	329	883	959
湖　　北	102	1 365	67	578	469
湖　　南	128	1 717	97	501	477
广　　东	119	1 370	35	286	413
广　　西	93	598	25	279	177
海　　南	10	113	3	34	25
重　　庆	38	558	152	209	63
四　　川	164	2 582	295	831	785
贵　　州	66	480	76	234	131
云　　南	120	1 947	788	730	284
西　　藏	88	1 356	30	224	572
陕　　西	110	2 456	264	693	682
甘　　肃	87	2 200	275	667	720
青　　海	42	835	118	397	260
宁　　夏	22	473	186	155	93
新　　疆	112	1 603	355	577	419

4－17　续表 5

单位：个、人

地　　区	按学历分				离退休人员
	研究生	大学本科	大学专科	中专	
全国总计	**1 430**	**16 354**	**14 690**	**6 644**	**20 440**
北　　京	15	121	27	21	187
天　　津	12	240	57	33	190
河　　北	41	1 058	1 066	503	1 215
山　　西	19	454	475	161	798
内　蒙　古	48	770	487	193	961
辽　　宁	14	368	337	116	610
吉　　林	30	458	396	224	763
黑　龙　江	33	460	269	78	445
上　　海	28	129	49	19	244
江　　苏	123	686	493	141	932
浙　　江	159	1 185	539	117	970
安　　徽	63	631	447	232	889
福　　建	17	177	73	39	125
江　　西	28	410	496	185	374
山　　东	145	1 144	719	606	1 253
河　　南	97	818	1 569	802	1 700
湖　　北	41	306	555	377	691
湖　　南	25	444	604	458	698
广　　东	22	366	489	276	1 050
广　　西	3	191	269	100	284
海　　南	3	35	55	20	17
重　　庆	70	273	183	26	343
四　　川	131	833	951	365	1 176
贵　　州	21	214	191	47	187
云　　南	22	840	629	352	946
西　　藏	15	698	529	74	48
陕　　西	42	566	988	581	1 295
甘　　肃	55	887	835	274	584
青　　海	6	452	280	78	421
宁　　夏	12	305	125	25	180
新　　疆	90	835	508	121	864

4-18 各地区家畜繁育改良站基本情况

单位：个、人

地 区	省级机构数	在编干部职工人数	按职称分		
			高级技术职称	中级技术职称	初级技术职称
全国总计	**11**	**479**	**130**	**129**	**70**
北　　京	0	0	0	0	0
天　　津	0	0	0	0	0
河　　北	1	54	33	13	0
山　　西	1	25	14	6	1
内 蒙 古	0	0	0	0	0
辽　　宁	0	0	0	0	0
吉　　林	0	0	0	0	0
黑 龙 江	0	0	0	0	0
上　　海	0	0	0	0	0
江　　苏	0	0	0	0	0
浙　　江	0	0	0	0	0
安　　徽	1	24	5	9	4
福　　建	0	0	0	0	0
江　　西	0	0	0	0	0
山　　东	0	0	0	0	0
河　　南	0	0	0	0	0
湖　　北	1	119	13	19	19
湖　　南	1	27	10	12	5
广　　东	0	0	0	0	0
广　　西	1	35	10	12	3
海　　南	0	0	0	0	0
重　　庆	0	0	0	0	0
四　　川	1	42	14	12	5
贵　　州	0	0	0	0	0
云　　南	1	25	7	10	1
西　　藏	0	0	0	0	0
陕　　西	1	29	7	10	5
甘　　肃	1	48	7	12	18
青　　海	1	51	10	14	9
宁　　夏	0	0	0	0	0
新　　疆	0	0	0	0	0

4－18   续表1

单位：个、人

地　区	按学历分				离退休人员
	研究生	大学本科	大学专科	中专	
全国总计	**70**	**216**	**95**	**19**	**257**
北　　京	0	0	0	0	0
天　　津	0	0	0	0	0
河　　北	0	39	11	0	59
山　　西	5	17	1	1	0
内　蒙　古	0	0	0	0	0
辽　　宁	0	0	0	0	0
吉　　林	0	0	0	0	0
黑　龙　江	0	0	0	0	0
上　　海	0	0	0	0	0
江　　苏	0	0	0	0	0
浙　　江	0	0	0	0	0
安　　徽	4	11	9	0	15
福　　建	0	0	0	0	0
江　　西	0	0	0	0	0
山　　东	0	0	0	0	0
河　　南	0	0	0	0	0
湖　　北	14	35	37	3	12
湖　　南	5	18	1	3	1
广　　东	0	0	0	0	0
广　　西	4	21	3	1	40
海　　南	0	0	0	0	0
重　　庆	0	0	0	0	0
四　　川	20	9	8	0	0
贵　　州	0	0	0	0	0
云　　南	9	13	2	1	13
西　　藏	0	0	0	0	0
陕　　西	0	15	4	4	22
甘　　肃	5	18	10	6	27
青　　海	4	20	9	0	68
宁　　夏	0	0	0	0	0
新　　疆	0	0	0	0	0

4－18　续表 2

单位：个、人

地　区	地（市）级机构数	在编干部职工人数	按职称分		
			高级技术职称	中级技术职称	初级技术职称
全国总计	49	833	195	208	126
北　京	0	0	0	0	0
天　津	0	0	0	0	0
河　北	2	8	2	3	3
山　西	8	63	17	27	12
内　蒙　古	6	215	64	47	21
辽　宁	3	17	0	1	0
吉　林	0	0	0	0	0
黑　龙　江	6	34	15	13	4
上　海	0	0	0	0	0
江　苏	1	18	4	7	5
浙　江	0	0	0	0	0
安　徽	0	0	0	0	0
福　建	0	0	0	0	0
江　西	0	0	0	0	0
山　东	0	0	0	0	0
河　南	3	45	21	11	6
湖　北	0	0	0	0	0
湖　南	2	38	2	11	7
广　东	2	104	12	8	6
广　西	1	11	1	4	3
海　南	0	0	0	0	0
重　庆	0	0	0	0	0
四　川	2	20	5	9	4
贵　州	3	30	3	6	7
云　南	4	41	15	16	9
西　藏	1	25	1	6	11
陕　西	2	76	8	6	13
甘　肃	0	0	0	0	0
青　海	0	0	0	0	0
宁　夏	0	0	0	0	0
新　疆	3	88	25	33	15

4-18　续表3

单位：个、人

地　　区	按学历分				离退休人员
	研究生	大学本科	大学专科	中专	
全国总计	**55**	**351**	**145**	**49**	**653**
北　　京	0	0	0	0	0
天　　津	0	0	0	0	0
河　　北	0	6	0	0	6
山　　西	5	40	10	1	50
内　蒙　古	13	93	37	16	150
辽　　宁	3	12	1	1	19
吉　　林	0	0	0	0	0
黑　龙　江	1	24	7	1	7
上　　海	0	0	0	0	0
江　　苏	5	2	8	2	32
浙　　江	0	0	0	0	0
安　　徽	0	0	0	0	0
福　　建	0	0	0	0	0
江　　西	0	0	0	0	0
山　　东	0	0	0	0	0
河　　南	2	27	11	3	14
湖　　北	0	0	0	0	0
湖　　南	3	12	10	3	9
广　　东	1	14	6	4	168
广　　西	0	5	4	1	15
海　　南	0	0	0	0	0
重　　庆	0	0	0	0	0
四　　川	3	11	5	1	1
贵　　州	1	8	9	2	29
云　　南	1	23	6	2	19
西　　藏	0	20	4	0	0
陕　　西	2	10	10	8	72
甘　　肃	0	0	0	0	0
青　　海	0	0	0	0	0
宁　　夏	0	0	0	0	0
新　　疆	15	44	17	4	62

4-18　续表4

单位：个、人

地　　区	县（市）级机构数	在编干部职工人数	按职称分		
			高级技术职称	中级技术职称	初级技术职称
全国总计	685	5 641	893	1 767	1 383
北　　京	1	20	2	6	5
天　　津	2	30	2	9	9
河　　北	49	320	27	57	100
山　　西	91	366	25	139	97
内　蒙　古	66	935	230	316	179
辽　　宁	20	214	46	101	49
吉　　林	13	230	51	71	72
黑　龙　江	62	300	117	109	49
上　　海	0	0	0	0	0
江　　苏	23	156	31	61	34
浙　　江	3	7	0	1	2
安　　徽	5	31	0	7	15
福　　建	0	0	0	0	0
江　　西	5	23	4	13	4
山　　东	20	147	19	45	43
河　　南	65	906	51	177	195
湖　　北	23	149	12	71	47
湖　　南	39	183	9	62	51
广　　东	17	242	2	16	57
广　　西	10	59	1	16	17
海　　南	1	2	0	1	1
重　　庆	5	63	18	23	16
四　　川	39	265	39	92	83
贵　　州	51	318	51	142	96
云　　南	26	225	89	84	37
西　　藏	8	39	1	8	18
陕　　西	8	97	8	40	21
甘　　肃	10	113	17	37	12
青　　海	0	0	0	0	0
宁　　夏	1	8	0	0	0
新　　疆	22	193	41	63	74

4-18　续表 5

单位：个、人

地　　区	按学历分				离退休人员
	研究生	大学本科	大学专科	中专	
全国总计	**116**	**1731**	**1840**	**991**	**2816**
北　　京	3	7	3	2	18
天　　津	0	13	3	8	4
河　　北	0	55	95	64	169
山　　西	11	119	126	71	172
内　蒙　古	25	388	283	122	733
辽　　宁	9	90	96	13	163
吉　　林	5	62	67	68	118
黑　龙　江	4	143	107	38	194
上　　海	0	0	0	0	0
江　　苏	4	51	48	37	102
浙　　江	0	2	3	2	30
安　　徽	0	2	21	5	38
福　　建	0	0	0	0	0
江　　西	2	11	8	1	3
山　　东	2	33	44	35	60
河　　南	5	107	265	191	192
湖　　北	4	28	67	41	35
湖　　南	1	48	68	36	39
广　　东	0	13	46	80	224
广　　西	0	9	17	21	37
海　　南	0	1	1	0	0
重　　庆	10	22	26	4	20
四　　川	8	94	85	37	131
贵　　州	10	147	120	39	154
云　　南	7	105	76	29	87
西　　藏	0	28	10	1	12
陕　　西	1	7	62	18	28
甘　　肃	1	37	33	14	5
青　　海	0	0	0	0	0
宁　　夏	0	0	0	0	0
新　　疆	4	109	60	14	48

4-19　各地区草原工作站基本情况

单位：个、人

地　　区	省级机构数	在编干部职工人数	按职称分		
			高级技术职称	中级技术职称	初级技术职称
全国总计	**16**	**490**	**190**	**118**	**69**
北　　京	0	0	0	0	0
天　　津	1	6	2	2	2
河　　北	0	0	0	0	0
山　　西	0	0	0	0	0
内　蒙　古	1	50	35	6	3
辽　　宁	0	0	0	0	0
吉　　林	0	0	0	0	0
黑　龙　江	0	0	0	0	0
上　　海	0	0	0	0	0
江　　苏	0	0	0	0	0
浙　　江	0	0	0	0	0
安　　徽	0	0	0	0	0
福　　建	1	0	0	0	0
江　　西	1	0	0	0	0
山　　东	0	0	0	0	0
河　　南	1	16	8	6	1
湖　　北	1	8	0	0	0
湖　　南	0	0	0	0	0
广　　东	0	0	0	0	0
广　　西	0	0	0	0	0
海　　南	0	0	0	0	0
重　　庆	0	0	0	0	0
四　　川	1	23	8	7	3
贵　　州	1	15	5	2	0
云　　南	1	18	6	0	4
西　　藏	1	8	2	2	4
陕　　西	1	0	0	0	0
甘　　肃	1	94	50	23	9
青　　海	0	0	0	0	0
宁　　夏	1	31	21	4	3
新　　疆	3	221	53	66	40

4 - 19　续表 1

单位：个、人

地　　区	按学历分				离退休人员
	研究生	大学本科	大学专科	中专	
全国总计	**89**	**296**	**61**	**11**	**281**
北　　京	0	0	0	0	0
天　　津	2	4	0	0	1
河　　北	0	0	0	0	0
山　　西	0	0	0	0	0
内　蒙　古	3	36	3	2	24
辽　　宁	0	0	0	0	0
吉　　林	0	0	0	0	0
黑　龙　江	0	0	0	0	0
上　　海	0	0	0	0	0
江　　苏	0	0	0	0	0
浙　　江	0	0	0	0	0
安　　徽	0	0	0	0	0
福　　建	0	0	0	0	0
江　　西	0	0	0	0	0
山　　东	0	0	0	0	0
河　　南	8	6	2	0	5
湖　　北	2	5	0	0	0
湖　　南	0	0	0	0	0
广　　东	0	0	0	0	0
广　　西	0	0	0	0	0
海　　南	0	0	0	0	0
重　　庆	0	0	0	0	0
四　　川	8	14	1	0	0
贵　　州	10	3	2	0	6
云　　南	3	9	0	0	13
西　　藏	2	2	2	0	0
陕　　西	0	0	0	0	0
甘　　肃	15	66	3	3	65
青　　海	0	0	0	0	0
宁　　夏	3	22	3	2	13
新　　疆	33	129	45	4	154

4-19　续表2

单位：个、人

地　区	地（市）级机构数	在编干部职工人数	按职称分		
			高级技术职称	中级技术职称	初级技术职称
全国总计	**119**	**1 370**	**303**	**393**	**247**
北　京	0	0	0	0	0
天　津	0	0	0	0	0
河　北	5	49	16	12	11
山　西	8	54	15	23	10
内　蒙　古	13	372	94	82	44
辽　宁	10	35	2	6	1
吉　林	7	56	6	5	4
黑　龙　江	6	30	9	11	4
上　海	0	0	0	0	0
江　苏	0	0	0	0	0
浙　江	0	0	0	0	0
安　徽	0	0	0	0	0
福　建	2	0	0	0	0
江　西	0	0	0	0	0
山　东	2	10	2	3	0
河　南	5	56	21	20	9
湖　北	1	2	0	2	0
湖　南	3	27	3	8	5
广　东	0	0	0	0	0
广　西	0	0	0	0	0
海　南	0	0	0	0	0
重　庆	0	0	0	0	0
四　川	4	20	8	8	3
贵　州	9	58	18	20	12
云　南	6	29	6	9	8
西　藏	2	41	3	11	14
陕　西	4	50	10	17	8
甘　肃	8	55	14	17	9
青　海	7	115	22	40	31
宁　夏	0	0	0	0	0
新　疆	17	311	54	99	74

4－19   续表 3

单位：个、人

地　　区	按学历分				离退休人员
	研究生	大学本科	大学专科	中专	
全国总计	**124**	**644**	**339**	**96**	**668**
北　　京	0	0	0	0	0
天　　津	0	0	0	0	0
河　　北	4	27	9	5	27
山　　西	2	34	13	2	25
内　蒙　古	37	140	100	15	219
辽　　宁	5	20	8	2	28
吉　　林	5	34	13	4	22
黑　龙　江	5	19	2	2	21
上　　海	0	0	0	0	0
江　　苏	0	0	0	0	0
浙　　江	0	0	0	0	0
安　　徽	0	0	0	0	0
福　　建	0	0	0	0	0
江　　西	0	0	0	0	0
山　　东	4	5	0	1	0
河　　南	2	23	16	10	21
湖　　北	0	0	0	0	0
湖　　南	4	6	2	12	0
广　　东	0	0	0	0	0
广　　西	0	0	0	0	0
海　　南	0	0	0	0	0
重　　庆	0	0	0	0	0
四　　川	1	11	6	2	0
贵　　州	8	28	10	2	20
云　　南	3	18	3	0	8
西　　藏	4	29	8	0	0
陕　　西	2	8	11	8	32
甘　　肃	4	25	20	2	24
青　　海	1	50	40	14	80
宁　　夏	0	0	0	0	0
新　　疆	33	167	78	15	141

4－19　续表4

单位：个、人

地　区	县（市）级机构数	在编干部职工人数	按职称分		
			高级技术职称	中级技术职称	初级技术职称
全国总计	**822**	**6 760**	**991**	**2 085**	**1 715**
北　京	0	0	0	0	0
天　津	0	0	0	0	0
河　北	26	167	27	44	36
山　西	82	359	32	126	92
内　蒙　古	97	1 331	191	314	319
辽　宁	27	153	22	81	36
吉　林	31	468	58	123	111
黑　龙　江	67	348	107	141	52
上　海	0	0	0	0	0
江　苏	0	0	0	0	0
浙　江	0	0	0	0	0
安　徽	3	17	7	6	3
福　建	1	0	0	0	0
江　西	10	35	5	15	12
山　东	4	3	0	1	1
河　南	15	185	14	39	40
湖　北	17	60	5	28	23
湖　南	23	68	4	32	22
广　东	2	9	0	2	1
广　西	2	8	0	6	2
海　南	0	0	0	0	0
重　庆	0	0	0	0	0
四　川	57	419	73	149	137
贵　州	81	415	54	174	149
云　南	36	220	102	76	36
西　藏	23	63	0	10	25
陕　西	15	292	25	96	65
甘　肃	62	552	75	163	116
青　海	38	487	52	177	154
宁　夏	8	128	36	61	26
新　疆	95	973	102	221	257

4-19　续表 5

单位：个、人

地　　区	按学历分				离退休人员
	研究生	大学本科	大学专科	中专	
全国总计	**132**	**2 528**	**2 444**	**895**	**2 703**
北　　京	0	0	0	0	0
天　　津	0	0	0	0	0
河　　北	4	64	34	25	45
山　　西	6	105	142	68	161
内　蒙　古	33	538	414	158	906
辽　　宁	1	69	61	21	76
吉　　林	3	112	150	87	121
黑　龙　江	5	126	136	56	100
上　　海	0	0	0	0	0
江　　苏	0	0	0	0	0
浙　　江	0	0	0	0	0
安　　徽	0	11	4	0	0
福　　建	0	0	0	0	0
江　　西	0	13	12	9	1
山　　东	0	1	0	0	0
河　　南	0	21	53	46	64
湖　　北	3	14	27	12	20
湖　　南	0	24	26	13	3
广　　东	0	0	2	0	0
广　　西	0	4	3	1	0
海　　南	0	0	0	0	0
重　　庆	0	0	0	0	0
四　　川	11	123	158	49	117
贵　　州	12	189	170	33	99
云　　南	12	108	71	26	84
西　　藏	2	31	24	3	2
陕　　西	1	87	127	53	117
甘　　肃	8	223	206	76	94
青　　海	17	228	178	39	199
宁　　夏	0	79	42	3	13
新　　疆	14	358	404	117	481

4－20　各地区饲料监察所基本情况

单位：个、人

地　　区	省级机构数	在编干部职工人数	按职称分		
			高级技术职称	中级技术职称	初级技术职称
全国总计	**23**	**577**	**233**	**157**	**65**
北　　京	1	23	7	3	5
天　　津	1	25	10	13	1
河　　北	1	28	24	4	0
山　　西	1	30	11	10	6
内　蒙　古	1	19	17	1	0
辽　　宁	0	0	0	0	0
吉　　林	1	32	0	0	0
黑　龙　江	0	0	0	0	0
上　　海	0	0	0	0	0
江　　苏	0	0	0	0	0
浙　　江	1	25	9	4	5
安　　徽	1	21	9	7	3
福　　建	0	0	0	0	0
江　　西	1	22	14	3	2
山　　东	1	30	12	13	3
河　　南	1	33	14	8	11
湖　　北	1	10	7	2	1
湖　　南	1	26	12	6	8
广　　东	0	0	0	0	0
广　　西	1	32	12	13	3
海　　南	1	7	5	1	1
重　　庆	0	0	0	0	0
四　　川	1	22	9	11	2
贵　　州	1	20	12	6	2
云　　南	0	0	0	0	0
西　　藏	1	3	0	0	0
陕　　西	1	0	0	0	0
甘　　肃	1	54	13	18	4
青　　海	1	23	0	0	0
宁　　夏	1	26	14	7	3
新　　疆	1	66	22	27	5

4－20　续表1

单位：个、人

地　　区	按学历分				离退休人员
	研究生	大学本科	大学专科	中专	
全国总计	**175**	**323**	**60**	**12**	**219**
北　　京	5	16	1	1	1
天　　津	3	20	2	0	5
河　　北	6	20	2	0	12
山　　西	10	18	2	0	0
内　蒙　古	2	11	4	1	6
辽　　宁	0	0	0	0	0
吉　　林	7	17	7	1	29
黑　龙　江	0	0	0	0	0
上　　海	0	0	0	0	0
江　　苏	0	0	0	0	0
浙　　江	10	11	2	0	4
安　　徽	11	8	2	0	17
福　　建	0	0	0	0	0
江　　西	8	10	3	1	3
山　　东	13	11	3	3	6
河　　南	21	8	2	0	7
湖　　北	5	5	0	0	0
湖　　南	6	17	3	0	4
广　　东	0	0	0	0	0
广　　西	12	18	2	0	22
海　　南	2	5	0	0	0
重　　庆	0	0	0	0	0
四　　川	6	11	4	1	0
贵　　州	8	10	2	0	12
云　　南	0	0	0	0	0
西　　藏	0	2	1	0	0
陕　　西	0	0	0	0	0
甘　　肃	11	40	3	0	34
青　　海	6	16	1	0	15
宁　　夏	12	12	2	0	12
新　　疆	11	37	12	4	30

4－20　续表 2

単位：个、人

地　　区	地（市）级机构数	在编干部职工人数	按职称分		
			高级技术职称	中级技术职称	初级技术职称
全国总计	**61**	**557**	**120**	**139**	**70**
北　　京	0	0	0	0	0
天　　津	0	0	0	0	0
河　　北	1	3	1	2	0
山　　西	1	2	0	0	0
内　蒙　古	6	67	12	10	6
辽　　宁	12	166	12	23	27
吉　　林	4	31	8	1	0
黑　龙　江	6	52	18	22	3
上　　海	0	0	0	0	0
江　　苏	1	12	6	5	1
浙　　江	0	0	0	0	0
安　　徽	0	0	0	0	0
福　　建	0	0	0	0	0
江　　西	0	0	0	0	0
山　　东	1	8	3	3	2
河　　南	1	19	6	9	3
湖　　北	1	10	1	2	3
湖　　南	2	3	0	0	0
广　　东	0	0	0	0	0
广　　西	1	2	0	1	1
海　　南	0	0	0	0	0
重　　庆	0	0	0	0	0
四　　川	5	36	10	9	7
贵　　州	6	31	8	11	7
云　　南	3	65	30	26	4
西　　藏	1	7	0	0	0
陕　　西	3	12	0	3	5
甘　　肃	4	19	5	11	1
青　　海	1	1	0	1	0
宁　　夏	0	0	0	0	0
新　　疆	1	11	0	0	0

4 - 20   续表 3

单位：个、人

地 区	按学历分				离退休人员
	研究生	大学本科	大学专科	中专	
全国总计	**84**	**319**	**76**	**27**	**200**
北　　京	0	0	0	0	0
天　　津	0	0	0	0	0
河　　北	0	0	0	0	0
山　　西	0	2	0	0	0
内　蒙　古	8	35	8	7	19
辽　　宁	30	107	17	4	46
吉　　林	0	24	6	1	15
黑　龙　江	7	38	4	0	51
上　　海	0	0	0	0	0
江　　苏	2	7	3	0	8
浙　　江	0	0	0	0	0
安　　徽	0	0	0	0	0
福　　建	0	0	0	0	0
江　　西	0	0	0	0	0
山　　东	2	6	0	0	0
河　　南	2	1	4	4	2
湖　　北	2	5	1	0	7
湖　　南	0	3	0	0	0
广　　东	0	0	0	0	0
广　　西	0	2	0	0	0
海　　南	0	0	0	0	0
重　　庆	0	0	0	0	0
四　　川	9	12	9	5	8
贵　　州	4	15	3	2	6
云　　南	14	34	14	2	30
西　　藏	0	3	4	0	0
陕　　西	4	2	3	2	3
甘　　肃	0	13	0	0	0
青　　海	0	0	0	0	0
宁　　夏	0	0	0	0	0
新　　疆	0	10	0	0	5

4－20　续表4

单位：个、人

地　区	县（市）级机构数	在编干部职工人数	按职称分		
			高级技术职称	中级技术职称	初级技术职称
全国总计	**560**	**4 759**	**490**	**1 656**	**1 411**
北　　京	0	0	0	0	0
天　　津	0	0	0	0	0
河　　北	49	190	24	72	54
山　　西	8	19	2	8	6
内　蒙　古	33	125	23	39	29
辽　　宁	38	224	22	108	82
吉　　林	21	319	59	84	90
黑　龙　江	36	152	26	72	42
上　　海	0	0	0	0	0
江　　苏	5	45	17	14	8
浙　　江	1	3	0	0	0
安　　徽	2	10	3	2	5
福　　建	1	17	2	3	7
江　　西	12	47	5	21	13
山　　东	39	255	22	94	91
河　　南	42	873	40	221	237
湖　　北	44	840	40	383	351
湖　　南	68	264	18	94	88
广　　东	8	98	11	35	34
广　　西	2	19	1	6	5
海　　南	3	21	0	9	8
重　　庆	5	38	7	11	9
四　　川	35	215	11	57	46
贵　　州	33	92	5	43	27
云　　南	26	268	105	110	36
西　　藏	1	1	0	0	0
陕　　西	2	29	0	2	23
甘　　肃	35	508	38	148	111
青　　海	2	7	2	4	1
宁　　夏	1	12	5	4	3
新　　疆	8	68	2	12	5

4－20 续表5

单位：个、人

地　　区	按学历分				离退休人员
	研究生	大学本科	大学专科	中专	
全国总计	**76**	**1 379**	**1 759**	**871**	**831**
北　　京	0	0	0	0	0
天　　津	0	0	0	0	0
河　　北	2	59	71	34	33
山　　西	0	7	8	3	12
内　蒙　古	3	57	43	8	18
辽　　宁	5	142	68	9	36
吉　　林	2	78	114	61	120
黑　龙　江	3	50	57	18	11
上　　海	0	0	0	0	0
江　　苏	1	21	16	3	2
浙　　江	0	3	0	0	0
安　　徽	0	5	2	3	8
福　　建	0	8	1	8	0
江　　西	1	17	15	9	7
山　　东	10	64	90	54	42
河　　南	7	93	304	169	95
湖　　北	9	164	327	289	170
湖　　南	3	67	118	49	12
广　　东	2	24	43	19	69
广　　西	0	9	8	2	2
海　　南	0	6	10	5	0
重　　庆	7	12	14	3	6
四　　川	9	101	78	14	56
贵　　州	1	35	43	7	14
云　　南	3	124	106	32	43
西　　藏	0	0	0	0	0
陕　　西	0	3	5	2	5
甘　　肃	5	183	184	67	53
青　　海	0	4	1	2	0
宁　　夏	0	5	6	1	0
新　　疆	3	38	27	0	17

4-21　各地区乡镇畜牧兽医站基本情况

单位：个、人、万元

地　区	站数	职工总数	在编人数	按职称分			技术员
				高级技术职称	中级技术职称	初级技术职称	
全国总计	**30 335**	**165 169**	**125 428**	**8 750**	**38 172**	**49 117**	**24 024**
北　　京	114	974	790	15	185	237	93
天　　津	129	798	681	29	127	154	20
河　　北	1 305	5 965	4 979	226	1 140	1 839	997
山　　西	1 044	4 138	3 416	140	1 090	1 490	405
内　蒙　古	865	6 587	4 965	462	1 696	1 209	1 456
辽　　宁	675	3 177	2 920	126	1 685	855	167
吉　　林	648	5 120	4 823	556	1 502	1 823	265
黑　龙　江	1 014	5 621	5 020	822	2 057	1 453	811
上　　海	94	631	160	11	57	109	63
江　　苏	884	6 809	4 190	284	1 820	1 752	611
浙　　江	498	1 575	761	8	305	281	297
安　　徽	1 116	3 801	1 859	165	693	742	683
福　　建	933	1 775	1 532	175	578	573	178
江　　西	1 408	6 710	3 374	108	647	1 622	1 779
山　　东	1 441	7 253	5 703	214	1 892	2 625	748
河　　南	1 242	6 024	4 048	202	668	1 079	1 639
湖　　北	1 108	13 604	6 268	92	1 387	3 158	2 561
湖　　南	1 783	12 095	9 037	169	2 198	3 639	2 133
广　　东	1 067	6 306	4 709	45	801	1 729	838
广　　西	1 090	4 708	4 469	27	1 552	1 781	609
海　　南	91	551	201	1	58	152	23
重　　庆	928	6 427	6 075	388	2 237	1 955	606
四　　川	3 864	17 128	15 476	729	5 421	7 078	1 767
贵　　州	1 355	6 578	4 758	570	1 730	1 873	511
云　　南	1 355	6 479	6 342	2 162	2 271	1 370	415
西　　藏	597	2 789	2 658	3	94	851	1 720
陕　　西	1 074	3 739	3 033	89	665	1 039	396
甘　　肃	1 254	6 417	5 102	203	1 235	3 379	774
青　　海	369	1 614	1 559	72	593	582	274
宁　　夏	189	836	825	214	284	206	81
新　　疆	801	8 940	5 695	443	1 504	2 482	1 104

4-21　续表 1

单位：个、人、万元

地　　区	按学历分				离退休人员
	研究生	大学本科	大学专科	中专	
全国总计	938	31 059	54 272	32 134	63 939
北　　京	16	365	228	144	487
天　　津	9	217	164	115	580
河　　北	16	956	2 154	1 502	1 999
山　　西	45	836	1 489	696	3 062
内 蒙 古	34	1 476	1 566	1 166	1 485
辽　　宁	20	1 162	1 532	210	1 207
吉　　林	51	904	1 729	1 525	2 297
黑 龙 江	33	1 650	2 472	870	1 473
上　　海	4	87	83	105	493
江　　苏	86	1 222	2 000	1 035	5 693
浙　　江	11	258	338	279	1 167
安　　徽	8	547	786	656	1 231
福　　建	28	627	495	369	358
江　　西	5	208	1 335	1 792	1 768
山　　东	136	1 869	1 882	1 696	3 718
河　　南	17	433	1 269	1 314	1 314
湖　　北	10	357	2 210	3 773	5 779
湖　　南	21	927	3 140	3 377	5 046
广　　东	54	1 200	1 385	1 624	3 204
广　　西	10	897	2 515	833	1 287
海　　南	0	22	69	164	16
重　　庆	113	1 157	3 207	950	4 194
四　　川	79	2 788	8 523	2 798	9 432
贵　　州	3	1 146	2 576	988	587
云　　南	25	2 228	2 979	1 030	1 279
西　　藏	7	1 288	1 287	55	61
陕　　西	31	620	1 062	886	1 660
甘　　肃	26	2 543	2 186	687	708
青　　海	7	782	569	187	249
宁　　夏	7	377	334	113	188
新　　疆	26	1 910	2 708	1 195	1 917

4－21　续表 2

单位：个、人、万元

地　　区	经营情况			
	盈余站数	盈余金额	亏损站数	亏损金额
全国总计	**2 149**	**3 758.0**	**1 849**	**16 683.9**
北　　京	15	116.8	9	172.6
天　　津	42	222.8	15	288.9
河　　北	142	471.8	263	1 553.7
山　　西	50	68.4	65	273.4
内　蒙　古	22	3.7	6	239.0
辽　　宁	0	0.0	0	0.0
吉　　林	25	23.3	8	15.0
黑　龙　江	37	35.1	57	2 650.9
上　　海	6	33.3	29	557.3
江　　苏	171	568.3	77	1 185.6
浙　　江	79	180.8	51	223.6
安　　徽	93	145.8	69	36.0
福　　建	16	5.8	11	3.9
江　　西	68	80.2	95	105.0
山　　东	92	266.4	125	782.3
河　　南	102	25.8	48	35.6
湖　　北	235	346.8	117	678.7
湖　　南	264	259.4	271	1 851.0
广　　东	142	286.1	122	2 380.3
广　　西	23	113.2	27	274.5
海　　南	1	2.9	6	1.0
重　　庆	0	0.0	0	0.0
四　　川	157	68.0	232	2 471.6
贵　　州	0	0.0	0	0.0
云　　南	107	134.5	36	50.6
西　　藏	0	0.0	10	42.1
陕　　西	15	5.1	0	0.0
甘　　肃	121	85.4	55	173.9
青　　海	67	43.7	14	16.6
宁　　夏	8	7.0	4	1.9
新　　疆	49	157.7	27	619.1

4－21 续表 3

地　区	全年总收入	经营服务收入	全年总支出	工资总额
全国总计	1 044 464.8	76 315.9	1 057 390.7	753 484.2
北　京	19 468.4	346.7	19 524.2	11 306.0
天　津	10 527.0	356.8	10 593.0	6 601.1
河　北	23 374.8	5 232.9	24 456.8	20 719.0
山　西	21 274.7	1 565.5	21 479.8	20 328.6
内　蒙　古	30 847.6	4 961.3	31 082.9	27 299.1
辽　宁	72 677.3	177.0	72 677.3	16 040.7
吉　林	39 296.2	3 454.7	39 288.0	31 943.5
黑　龙　江	21 737.0	3 467.1	24 352.8	21 462.2
上　海	3 157.4	57.8	3 681.4	1 713.4
江　苏	132 535.5	2 730.7	133 152.8	42 161.9
浙　江	10 885.6	1 659.3	10 928.3	5 450.5
安　徽	10 992.3	1 052.8	10 882.6	10 164.1
福　建	9 072.2	97.4	9 070.3	8 656.6
江　西	16 176.3	615.7	16 201.1	15 038.9
山　东	40 754.4	4 873.2	41 270.3	35 622.1
河　南	12 919.1	3 215.9	12 928.9	12 009.2
湖　北	36 549.2	5 938.1	36 881.1	22 654.9
湖　南	47 425.3	6 569.1	49 016.9	39 705.8
广　东	55 608.3	4 165.6	57 702.5	31 382.3
广　西	31 885.1	4.4	32 046.5	29 211.7
海　南	2 458.0	320.0	2 456.1	1 315.4
重　庆	47 309.5	0.0	47 309.5	39 955.7
四　川	125 318.6	7 476.2	127 722.2	101 473.9
贵　州	26 508.7	1 342.2	26 508.7	26 329.7
云　南	53 912.2	3 668.7	53 828.3	51 094.8
西　藏	24 721.7	804.3	24 763.8	17 809.6
陕　西	17 658.0	1 936.9	17 652.9	16 893.8
甘　肃	31 951.6	1 972.0	32 040.0	30 276.7
青　海	14 999.7	1 698.9	14 972.5	14 404.3
宁　夏	6 547.9	1 482.0	6 542.8	6 391.1
新　疆	45 915.2	5 072.9	46 376.6	38 067.8

4－22 各地区牧区县畜牧生产情况

单位：头、只、吨

地　区	基本情况				
	牧业人口数（万人）	人均纯收入（元/人）	牧业收入（元/人）	牧户数（户）	定居牧户数（户）
全国总计	**361.6**	**10 821.6**	**7 088.1**	**1 002 111**	**885 102**
内 蒙 古	77.8	14 409.0	11 515.8	256 293	239 349
黑 龙 江	6.2	14 215.0	7 960.0	21 823	21 823
四　　川	84.0	10 130.7	4 721.5	189 557	166 049
西　　藏	12.6	10 152.1	9 031.1	23 373	23 373
甘　　肃	30.5	7 605.7	5 500.1	65 664	59 901
青　　海	93.2	8 742.3	6 421.9	294 089	278 524
宁　　夏	7.0	10 599.0	4 240.0	23 400	22 700
新　　疆	50.4	12 014.8	6 200.8	127 912	73 383

地　区	畜禽饲养情况				
	大牲畜年末存栏	牛年末存栏	能繁母牛	当年成活犊牛	牦牛年末存栏
全国总计	**14 314 733**	**12 609 611**	**6 723 087**	**3 539 730**	**8 793 716**
内 蒙 古	2 504 194	1 969 411	1 284 457	523 532	0
黑 龙 江	124 162	112 707	61 919	23 845	0
四　　川	3 376 103	3 023 504	1 376 638	824 286	2 734 068
西　　藏	427 532	416 572	191 605	68 352	414 343
甘　　肃	1 199 996	1 140 412	627 213	351 943	1 050 698
青　　海	4 769 862	4 613 580	2 399 446	1 261 793	4 534 217
宁　　夏	11 006	10 391	4 670	3 102	0
新　　疆	1 901 878	1 323 034	777 139	482 877	60 390

4 – 22　续表 1

地　区	畜禽饲养情况				
	绵羊年末存栏	能繁母羊	当年生存栏羔羊	细毛羊	半细毛羊
全国总计	**36 451 747**	**25 708 277**	**7 823 514**	**3 203 893**	**5 367 168**
内 蒙 古	15 087 324	11 839 797	2 572 175	2 083 596	1 215 938
黑 龙 江	262 237	198 342	27 963	0	262 237
四　　川	1 573 768	646 364	509 664	131 722	510 890
西　　藏	683 659	378 954	227 984	154 091	40 790
甘　　肃	2 430 316	1 516 970	611 940	366 925	807 684
青　　海	9 043 166	5 412 872	2 606 153	48 000	854 149
宁　　夏	1 055 221	671 283	281 939	0	1 055 221
新　　疆	6 316 056	5 043 695	985 696	419 559	620 259

地　区	畜禽饲养情况		畜产品产量与出栏情况			
	山羊年末存栏	绒山羊	肉类总产量	牛肉产量	猪肉产量	羊肉产量
全国总计	**8 190 264**	**6 943 818**	**1 339 152**	**535 065**	**146 256**	**589 636**
内 蒙 古	5 459 840	5 332 341	558 074	162 672	76 230	302 543
黑 龙 江	8 560	1 335	31 758	11 240	12 002	4 640
四　　川	337 144	0	141 114	91 525	30 237	18 310
西　　藏	417 370	342 615	15 992	11 883	0	4 109
甘　　肃	267 038	263 172	102 390	48 614	4 316	41 357
青　　海	750 253	403 370	216 826	115 020	7 600	92 349
宁　　夏	227 831	227 831	25 980	497	4 357	20 615
新　　疆	722 228	373 154	247 018	93 614	11 514	105 713

4-22　续表2

单位：头、只、吨、万张

地　区	畜产品产量与出栏情况					
	奶产量	毛产量	山羊绒产量	山羊毛产量	绵羊毛产量	细羊毛产量
全国总计	1 835 480	68 426	3 491	2 874	62 061	11 568
内　蒙　古	741 720	33 829	2 811	1 267	29 751	8 760
黑　龙　江	227 055	974	0	19	955	0
四　　　川	172 347	2 024	23	218	1 783	1 174
西　　　藏	24 368	913	110	162	641	130
甘　　　肃	88 417	2 837	96	96	2 645	1 056
青　　　海	168 707	13 241	223	421	12 598	0
宁　　　夏	20 321	2 190	47	108	2 035	0
新　　　疆	392 544	12 417	180	584	11 653	448

地　区	畜产品产量与出栏情况				
	半细羊毛产量	牛皮产量	羊皮产量	牛出栏	羊出栏
全国总计	10 905	338.3	2 829.7	4 229 214	33 748 963
内　蒙　古	4 075	89.1	1 570.3	979 296	16 370 754
黑　龙　江	955	0.8	1.1	72 060	276 330
四　　　川	466	67.8	93.8	774 310	1 073 074
西　　　藏	54	8.2	23.6	82 909	608 083
甘　　　肃	317	17.3	83.3	412 505	1 864 311
青　　　海	1 977	111.1	424.0	1 294 581	5 319 998
宁　　　夏	2 035	0.3	187.4	2 847	1 874 067
新　　　疆	1 026	43.8	446.3	610 706	6 362 346

4－22 续表3

单位：头、只、吨

地 区	畜产品出售情况			
	出售肉类总产量	牛肉产量	猪肉产量	羊肉产量
全国总计	**1 110 107**	**433 149**	**126 096**	**516 672**
内 蒙 古	507 936	146 339	69 469	284 618
黑 龙 江	31 758	11 240	12 002	4 640
四 川	90 908	65 247	20 670	11 833
西 藏	10 823	7 565	0	3 257
甘 肃	79 798	34 498	3 690	35 192
青 海	179 965	91 926	6 386	78 599
宁 夏	25 469	497	4 357	20 615
新 疆	183 449	75 836	9 522	77 918

地 区	畜产品出售情况		
	出售奶总量	出售羊绒总量	出售羊毛总量
全国总计	**1 407 981**	**3 411**	**59 962**
内 蒙 古	635 910	2 784	30 110
黑 龙 江	227 055	0	974
四 川	144 276	23	1 643
西 藏	12 229	91	553
甘 肃	49 870	94	2 329
青 海	109 938	200	11 850
宁 夏	20 321	47	2 143
新 疆	208 382	172	10 359

4-23　各地区半牧区县畜牧生产情况

单位：头、只、吨

地　区	基本情况				
	牧业人口数（万人）	人均纯收入（元/人）	牧业收入（元/人）	牧户数（户）	定居牧户数（户）
全国总计	**1 147.1**	**10 639.4**	**4 162.0**	**2 917 310**	**2 713 390**
河　　北	53.8	5 064.3	2 670.3	133 838	71 438
山　　西	7.1	3 814.0	2 345.0	17 985	10 185
内　蒙　古	162.5	12 006.7	4 945.8	441 849	434 597
辽　　宁	176.5	11 722.3	4 314.0	446 262	446 262
吉　　林	156.1	9 425.0	3 920.0	328 791	318 091
黑　龙　江	178.6	9 786.8	5 314.9	501 524	499 934
四　　川	227.0	12 248.9	3 105.2	570 858	532 621
云　　南	27.0	9 211.4	4 989.5	68 996	31 567
西　　藏	32.9	10 818.2	7 517.2	63 744	58 453
甘　　肃	28.0	8 695.5	1 562.5	48 977	47 624
青　　海	3.3	9 447.6	5 704.3	10 652	10 505
宁　　夏	53.9	8 456.7	1 605.5	190 004	190 004
新　　疆	40.4	13 619.9	6 224.9	93 830	62 109

地　　区	畜禽饲养情况				
	大牲畜年末存栏	牛年末存栏	能繁母牛	当年成活犊牛	牦牛年末存栏
全国总计	**14 824 377**	**12 068 370**	**6 029 209**	**3 421 800**	**3 000 544**
河　　北	578 570	484 660	236 293	147 041	3 000
山　　西	17 955	12 765	5 462	4 576	0
内　蒙　古	3 905 137	3 082 097	1 786 143	922 219	0
辽　　宁	1 235 652	797 694	357 511	224 475	0
吉　　林	690 950	515 279	275 028	176 196	0
黑　龙　江	1 281 042	1 228 699	621 963	375 623	0
四　　川	2 822 164	2 303 074	990 913	553 341	1 086 032
云　　南	195 039	172 375	71 446	51 561	49 494
西　　藏	1 804 996	1 652 201	711 275	491 492	1 328 163
甘　　肃	467 068	396 145	185 671	120 508	247 039
青　　海	282 169	264 727	151 311	87 755	155 977
宁　　夏	291 248	261 160	83 700	33 260	0
新　　疆	1 252 387	897 494	552 493	233 753	130 839

4-23　续表 1

单位：头、只、吨

地　区	畜禽饲养情况				
	绵羊年末存栏	能繁母羊	当年生存栏羔羊	细毛羊	半细毛羊
全国总计	**43 132 058**	**26 835 266**	**11 210 998**	**12 868 300**	**8 805 367**
河　　北	1 256 170	761 938	231 454	256 550	997 620
山　　西	240 168	141 544	98 209	0	26 148
内　蒙　古	15 503 991	9 930 016	3 768 267	5 151 971	1 750 999
辽　　宁	2 634 826	1 346 010	987 937	539 637	1 424 524
吉　　林	4 732 531	2 876 241	1 280 233	4 687 631	44 900
黑　龙　江	2 151 980	1 332 098	614 636	647 215	1 339 309
四　　川	1 779 612	894 465	503 245	55 774	1 195 834
云　　南	42 155	14 202	15 098	12 389	10 988
西　　藏	1 435 477	729 636	419 462	193 661	560 734
甘　　肃	3 726 648	2 009 041	1 337 265	403 282	87 181
青　　海	1 006 038	629 011	349 896	0	304 312
宁　　夏	1 321 900	881 000	373 000	0	0
新　　疆	7 300 562	5 290 064	1 232 296	920 190	1 062 818

地　区	畜禽饲养情况		畜产品产量与出栏情况		
	山羊年末存栏	绒山羊	肉类总产量	牛肉产量	猪肉产量
全国总计	**11 637 331**	**7 017 222**	**4 687 929**	**884 194**	**2 142 929**
河　　北	18 895	0	190 397	56 410	71 808
山　　西	28 098	18 263	12 218	2 240	2 466
内　蒙　古	4 369 949	4 255 587	974 399	227 818	352 538
辽　　宁	371 583	98 207	1 160 652	140 466	619 790
吉　　林	306 080	262 071	514 220	50 588	248 492
黑　龙　江	213 320	35 039	591 877	105 055	347 833
四　　川	3 040 896	23 126	537 571	76 065	363 260
云　　南	135 655	10 708	33 772	3 395	27 507
西　　藏	982 898	590 732	133 858	69 638	862
甘　　肃	450 954	382 962	118 844	12 755	56 504
青　　海	173 797	12 826	29 036	10 978	5 044
宁　　夏	281 500	272 800	89 765	44 229	5 653
新　　疆	1 263 706	1 054 901	301 321	84 558	41 173

4－23　续表 2

单位：头、只、吨、万张

地　区	畜产品产量与出栏情况					
	羊肉产量	奶产量	毛产量	山羊绒产量	山羊毛产量	绵羊毛产量
全国总计	**857 711**	**2 994 588**	**91 555**	**2 964**	**5 433**	**83 159**
河　　北	25 899	314 391	2 502	14	40	2 448
山　　西	7 214	5 580	386	12	12	362
内　蒙　古	295 608	912 200	36 905	2 133	2 203	32 569
辽　　宁	102 621	242 314	4 564	20	105	4 440
吉　　林	92 646	157 386	10 643	91	271	10 280
黑　龙　江	34 112	713 921	6 503	20	919	5 564
四　　川	65 034	105 982	3 803	6	337	3 460
云　　南	1 444	16 338	68	2	27	39
西　　藏	14 790	110 086	1 804	173	173	1 458
甘　　肃	43 115	58 546	5 659	88	250	5 321
青　　海	12 198	40 515	1 956	28	123	1 804
宁　　夏	37 545	4 127	2 333	36	42	2 254
新　　疆	125 487	313 203	14 429	340	930	13 159

地　区	畜产品产量与出栏情况			
	细羊毛产量	半细羊毛产量	牛皮产量	羊皮产量
全国总计	**32 501**	**21 293**	**368.7**	**3 586.3**
河　　北	518	1 798	17.5	117.4
山　　西	0	362	1.6	38.2
内　蒙　古	14 782	4 614	99.9	1 467.7
辽　　宁	1 171	2 974	26.1	179.4
吉　　林	10 214	66	25.1	253.1
黑　龙　江	1 255	4 099	29.9	140.7
四　　川	278	2 696	55.2	293.1
云　　南	12	27	1.6	2.0
西　　藏	340	870	40.9	74.0
甘　　肃	1 477	368	5.6	209.8
青　　海	0	761	10.7	50.4
宁　　夏	0	0	12.4	151.9
新　　疆	2 454	2 660	42.3	608.6

4-23 续表3

单位：头、只、吨

地　区	畜产品产量与出栏情况		畜产品出售情况	
	牛出栏	羊出栏	出售肉类总产量	牛肉产量
全国总计	**5 570 961**	**51 487 923**	**3 647 829**	**689 601**
河　北	399 270	1 766 537	139 873	49 415
山　西	16 474	381 746	1 154	2 189
内　蒙　古	1 350 336	18 426 228	788 685	192 572
辽　宁	719 897	6 044 678	993 223	110 467
吉　林	344 821	4 817 813	415 009	45 550
黑　龙　江	653 674	2 032 925	422 134	70 098
四　川	625 361	3 954 031	405 823	55 965
云　南	27 692	90 278	26 513	2 488
西　藏	450 307	880 343	54 366	40 977
甘　肃	150 340	2 845 229	102 254	10 098
青　海	118 010	714 841	25 701	9 873
宁　夏	187 340	1 999 470	70 567	38 729
新　疆	527 439	7 533 804	202 526	61 181

地　区	畜产品出售情况				
	猪肉产量	羊肉产量	出售奶总量	出售羊绒总量	出售羊毛总量
全国总计	**1 769 582**	**709 034**	**2517 862**	**2 748**	**75 072**
河　北	57 993	24 244	225 771	14	2 488
山　西	2 210	6 987	5 497	12	12
内　蒙　古	284 131	262 373	849 557	2 059	28 502
辽　宁	534 017	90 588	197 676	19	4 099
吉　林	225 030	73 814	137 686	85	9 870
黑　龙　江	274 981	24 211	709 311	9	6 127
四　川	275 688	48 488	85 290	6	2 628
云　南	22 161	1 320	11 427	1	32
西　藏	284	7 897	22 474	115	392
甘　肃	53 442	37 120	54 526	81	5 347
青　海	3 566	11 024	29 174	28	1 355
宁　夏	3 243	27 702	3 800	36	2 284
新　疆	32 835	93 267	185 674	282	11 935

4－24　各地区生猪饲养规模场（户）数情况

单位：个

地　区	年出栏 1～49头 场（户）数	年出栏 50～99头 场（户）数	年出栏 100～499头 场（户）数	年出栏 500～999头 场（户）数
全国总计	**29 862 082**	**982 969**	**527 708**	**112 628**
北　　京	279	171	119	113
天　　津	980	1 214	2 413	924
河　　北	511 331	43 518	31 506	6 261
山　　西	86 483	17 587	14 427	2 768
内　蒙　古	779 572	18 755	4 549	977
辽　　宁	472 863	59 107	25 852	4 440
吉　　林	226 527	36 195	16 857	3 003
黑　龙　江	182 826	34 960	19 023	1 885
上　　海	0	0	0	3
江　　苏	193 580	20 529	19 307	7 047
浙　　江	151 447	2 545	2 058	955
安　　徽	960 154	36 002	19 036	4 910
福　　建	26 802	2 733	3 256	2 395
江　　西	351 907	17 874	13 163	3 971
山　　东	232 627	75 975	61 895	8 897
河　　南	496 509	40 762	52 720	12 458
湖　　北	1 965 727	38 341	29 968	7 164
湖　　南	2 350 230	105 241	50 395	12 630
广　　东	274 158	21 959	27 807	7 387
广　　西	1 836 842	44 677	22 799	4 685
海　　南	241 407	5 928	2 851	645
重　　庆	2 720 893	18 654	8 736	1 874
四　　川	4 911 950	116 587	42 564	8 849
贵　　州	3 842 308	32 627	7 352	1 004
云　　南	5 066 818	137 265	21 739	3 130
西　　藏	31 161	80	47	5
陕　　西	475 666	24 113	13 891	1 938
甘　　肃	1 174 837	21 856	8 598	1 197
青　　海	166 369	1 886	285	44
宁　　夏	114 772	2 733	1 467	272
新　　疆	15 057	3 095	3 028	797

4－24 续 表

单位：个

地 区	年出栏 1 000～2 999 头 场（户）数	年出栏 3 000～4 999 头 场（户）数	年出栏 5 000～9 999 头 场（户）数	年出栏 10 000～49 999 头 场（户）数	年出栏 50 000 头以上 场（户）数
全国总计	52 770	10 990	6 228	3 630	443
北 京	69	19	32	8	0
天 津	310	90	53	22	2
河 北	2 488	462	246	151	25
山 西	1 091	231	163	83	3
内 蒙 古	379	87	64	32	14
辽 宁	1 474	287	197	56	11
吉 林	982	248	83	30	8
黑 龙 江	736	226	95	85	10
上 海	58	4	8	19	0
江 苏	3 574	514	328	266	46
浙 江	876	234	202	134	5
安 徽	2 576	532	261	141	8
福 建	1 616	510	321	153	6
江 西	3 125	735	396	253	21
山 东	3 224	658	325	180	36
河 南	5 775	1 299	806	452	109
湖 北	4 112	645	407	335	38
湖 南	4 226	1 054	489	213	34
广 东	5 110	839	414	274	23
广 西	2 550	480	284	153	9
海 南	338	101	51	60	1
重 庆	730	126	74	28	1
四 川	3 871	702	336	180	11
贵 州	476	109	50	43	3
云 南	1 278	273	218	112	4
西 藏	4	3	1	0	0
陕 西	790	228	138	66	6
甘 肃	528	101	60	26	1
青 海	21	3	5	3	0
宁 夏	84	12	10	2	0
新 疆	299	178	111	70	8

4－25　各地区蛋鸡饲养规模场（户）数情况

单位：个

地　区	年存栏 1～499 只 场（户）数	年存栏 500～1 999 只 场（户）数	年存栏 2 000～9 999 只 场（户）数
全国总计	9 912 459	173 053	115 508
北　　京	9 661	284	97
天　　津	6 473	493	624
河　　北	617 515	34 641	20 468
山　　西	98 734	5 796	9 255
内　蒙　古	386 112	4 080	1 567
辽　　宁	602 927	8 161	9 432
吉　　林	349 866	6 455	3 560
黑　龙　江	182 212	10 738	4 713
上　　海	2	17	0
江　　苏	106 394	3 373	10 704
浙　　江	42 138	484	406
安　　徽	405 782	9 616	3 185
福　　建	71 543	422	163
江　　西	361 061	2 232	1 080
山　　东	411 705	12 166	13 608
河　　南	688 974	28 367	13 605
湖　　北	729 175	10 228	5 807
湖　　南	494 278	10 323	3 341
广　　东	308 568	336	178
广　　西	159 756	347	88
海　　南	45 951	47	31
重　　庆	571 921	3 075	779
四　　川	1 162 671	6 486	2 477
贵　　州	154 778	2 425	738
云　　南	386 694	1 992	1 769
西　　藏	5 976	34	5
陕　　西	402 298	5 367	3 895
甘　　肃	660 783	2 854	1 665
青　　海	48	95	36
宁　　夏	110 111	573	659
新　　疆	378 352	1 546	1 573

4-25 续 表

单位：个

地 区	年存栏 10 000～49 999 只 场（户）数	年存栏 50 000～99 999 只 场（户）数	年存栏 100 000～499 999 只 场（户）数	年存栏 500 000 只以上 场（户）数
全国总计	**32 601**	**2 292**	**1 047**	**72**
北　京	48	10	5	2
天　津	301	30	9	2
河　北	3 143	166	79	6
山　西	1 693	121	57	9
内 蒙 古	413	37	13	3
辽　宁	2 573	155	58	1
吉　林	820	59	20	4
黑 龙 江	554	47	19	1
上　海	7	3	3	0
江　苏	3 290	204	98	2
浙　江	310	40	14	1
安　徽	1 138	106	41	2
福　建	93	36	29	2
江　西	544	36	32	2
山　东	3 848	222	92	3
河　南	3 819	228	79	4
湖　北	4 097	249	91	5
湖　南	1 109	78	30	2
广　东	161	41	22	3
广　西	62	21	16	5
海　南	42	12	9	0
重　庆	325	26	15	1
四　川	873	99	63	3
贵　州	319	36	40	2
云　南	955	81	47	1
西　藏	4	0	0	0
陕　西	1 002	46	20	2
甘　肃	441	46	7	0
青　海	21	4	1	0
宁　夏	187	11	1	3
新　疆	409	42	37	1

4-26　各地区肉鸡饲养规模场（户）数情况

单位：个

地　　区	年出栏 1~1 999 只 场（户）数	年出栏 2 000~9 999 只 场（户）数	年出栏 10 000~29 999 只 场（户）数	年出栏 30 000~49 999 只 场（户）数
全国总计	17 607 119	154 910	54 351	25 878
北　　京	75	91	19	5
天　　津	128	187	200	135
河　　北	67 503	7 573	2 173	1 567
山　　西	13 874	809	555	511
内　蒙　古	239 958	3 230	124	76
辽　　宁	71 648	8 414	7 033	3 848
吉　　林	81 005	8 510	3 781	649
黑　龙　江	123 831	4 876	652	141
上　　海	1 020	91	0	0
江　　苏	137 342	1 720	1 889	1 001
浙　　江	208 952	2 051	1 182	663
安　　徽	555 451	11 370	2 228	2 376
福　　建	242 373	2 236	674	176
江　　西	433 897	5 978	917	685
山　　东	78 313	6 269	3 885	4 698
河　　南	162 098	7 727	2 415	1 530
湖　　北	324 060	5 061	1 384	776
湖　　南	1 740 441	12 777	1 516	454
广　　东	1 690 693	14 157	9 376	3 460
广　　西	2 810 877	22 335	4 688	985
海　　南	1 204 338	2 319	1 455	403
重　　庆	487 151	3 004	874	203
四　　川	2 701 232	8 193	2 679	701
贵　　州	1 376 434	3 733	434	68
云　　南	1 718 016	6 129	3 080	549
西　　藏	1 814	3	2	1
陕　　西	218 639	1 607	375	99
甘　　肃	408 492	1 091	235	22
青　　海	12 741	45	16	2
宁　　夏	66 454	732	70	8
新　　疆	428 269	2 592	440	86

4－26 续　表

单位：个

地　区	年出栏 50 000～99 999 只 场（户）数	年出栏 100 000～499 999 只 场（户）数	年出栏 500 000～999 999 只 场（户）数	年出栏 100 万只以上 场（户）数
全国总计	17 271	7 781	979	992
北　　京	3	7	1	0
天　　津	161	120	9	2
河　　北	980	601	76	41
山　　西	394	253	21	41
内　蒙　古	40	17	2	0
辽　　宁	2 318	1 020	159	66
吉　　林	302	150	19	15
黑　龙　江	74	67	14	32
上　　海	1	12	1	1
江　　苏	836	440	62	56
浙　　江	445	77	4	8
安　　徽	1 484	354	35	47
福　　建	147	194	9	203
江　　西	223	74	16	16
山　　东	5 565	2 922	412	295
河　　南	694	406	47	39
湖　　北	444	253	19	34
湖　　南	270	61	8	14
广　　东	1 596	328	23	23
广　　西	307	93	19	37
海　　南	147	50	6	5
重　　庆	83	12	0	0
四　　川	283	90	2	1
贵　　州	47	13	0	3
云　　南	202	66	5	0
西　　藏	0	0	0	0
陕　　西	157	60	6	5
甘　　肃	10	4	0	4
青　　海	2	0	0	0
宁　　夏	1	2	0	0
新　　疆	55	35	4	4

4-27　各地区奶牛饲养规模场（户）数情况

单位：个

地　　区	年存栏1～49头场（户）数	年存栏50～99头场（户）数	年存栏100～199头场（户）数	年存栏200～499头场（户）数
全国总计	649 791	5 963	1 370	2 060
北　　京	201	8	10	19
天　　津	35	25	5	24
河　　北	2 040	115	74	362
山　　西	16 085	253	90	171
内　蒙　古	30 231	1 202	236	251
辽　　宁	4 328	115	30	57
吉　　林	3 761	82	29	26
黑　龙　江	21 359	425	134	209
上　　海	0	0	1	2
江　　苏	66	14	30	50
浙　　江	134	20	15	17
安　　徽	203	22	12	14
福　　建	1 115	1	1	2
江　　西	859	34	5	4
山　　东	5 760	780	214	296
河　　南	27 974	368	87	159
湖　　北	11	1	3	11
湖　　南	1 068	4	4	2
广　　东	372	26	14	8
广　　西	328	4	6	8
海　　南	0	1	0	3
重　　庆	589	2	2	5
四　　川	11 484	32	28	27
贵　　州	88	1	3	3
云　　南	31 602	65	12	22
西　　藏	50 571	33	2	7
陕　　西	20 229	617	108	135
甘　　肃	15 196	133	41	27
青　　海	43 341	78	14	8
宁　　夏	2 356	21	18	20
新　　疆	358 405	1 481	142	111

4 - 27　续　表

单位：个

地　　区	年存栏 500~999 头 场（户）数	年存栏 1 000~1 999 头 场（户）数	年存栏 2 000~4 999 头 场（户）数	年存栏 5 000 头以上 场（户）数
全国总计	**1 411**	**663**	**378**	**124**
北　　京	21	16	7	1
天　　津	35	23	11	1
河　　北	471	141	31	22
山　　西	65	23	8	6
内　蒙　古	141	57	62	22
辽　　宁	22	21	71	1
吉　　林	16	2	1	2
黑　龙　江	90	42	37	16
上　　海	9	11	1	0
江　　苏	33	21	7	4
浙　　江	12	10	2	0
安　　徽	12	6	6	3
福　　建	8	15	0	0
江　　西	5	0	0	0
山　　东	173	50	21	18
河　　南	69	19	15	4
湖　　北	3	2	4	0
湖　　南	1	3	2	0
广　　东	8	8	6	0
广　　西	5	2	1	0
海　　南	0	0	0	0
重　　庆	4	0	1	0
四　　川	14	7	1	1
贵　　州	0	3	3	0
云　　南	15	9	6	0
西　　藏	2	3	1	1
陕　　西	60	20	6	2
甘　　肃	8	16	15	4
青　　海	5	1	2	0
宁　　夏	55	93	30	14
新　　疆	49	39	20	2

4-28 各地区肉牛饲养规模场（户）数情况

单位：个

地　　区	年出栏 1～9 头 场（户）数	年出栏 10～49 头 场（户）数	年出栏 50～99 头 场（户）数
全国总计	**8 107 023**	**366 501**	**55 233**
北　　京	244	327	111
天　　津	2 318	1 578	192
河　　北	273 319	28 220	2 450
山　　西	66 337	7 338	1 342
内　蒙　古	253 802	45 631	9 122
辽　　宁	180 731	24 156	3 644
吉　　林	150 427	18 774	2 887
黑　龙　江	94 486	19 013	3 579
上　　海	0	0	0
江　　苏	12 395	1 538	362
浙　　江	16 851	606	66
安　　徽	180 354	6 954	1 054
福　　建	48 698	1 658	98
江　　西	398 892	8 517	1 561
山　　东	151 425	15 852	3 138
河　　南	595 842	16 975	2 175
湖　　北	274 394	14 950	1 608
湖　　南	451 966	22 625	3 233
广　　东	146 424	2 363	339
广　　西	558 825	5 872	744
海　　南	88 199	1 607	213
重　　庆	152 073	5 010	492
四　　川	476 574	12 388	2 373
贵　　州	593 135	8 873	1 057
云　　南	1 447 917	15 754	1 818
西　　藏	87 682	2 282	114
陕　　西	131 188	4 899	822
甘　　肃	466 647	20 580	2 206
青　　海	243 735	14 510	3 893
宁　　夏	229 446	14 141	1 014
新　　疆	332 697	23 510	3 526

4-28 续　表

单位：个

地　　区	年出栏 100～499 头 场（户）数	年出栏 500～999 头 场（户）数	年出栏 1 000 头以上 场（户）数
全国总计	17 369	2 055	710
北　　京	33	7	4
天　　津	160	29	5
河　　北	851	138	39
山　　西	535	48	30
内 蒙 古	1 501	119	41
辽　　宁	1 531	146	26
吉　　林	985	141	29
黑 龙 江	773	81	30
上　　海	0	0	0
江　　苏	119	37	7
浙　　江	24	2	0
安　　徽	638	74	20
福　　建	37	12	5
江　　西	412	53	20
山　　东	1 021	147	63
河　　南	1 419	268	93
湖　　北	1 308	136	73
湖　　南	667	36	4
广　　东	116	12	0
广　　西	261	15	11
海　　南	33	1	0
重　　庆	185	9	3
四　　川	867	81	19
贵　　州	207	27	5
云　　南	632	55	37
西　　藏	55	4	2
陕　　西	301	10	8
甘　　肃	680	112	35
青　　海	548	105	12
宁　　夏	354	41	21
新　　疆	1 116	109	68

4 - 29　各地区羊饲养规模场（户）数情况

单位：个

地　区	年出栏 1~29 只 场（户）数	年出栏 30~99 只 场（户）数	年出栏 100~199 只 场（户）数	年出栏 200~499 只 场（户）数
全国总计	10 425 822	1 344 339	251 272	95 452
北　　京	1 598	1 449	440	36
天　　津	1 949	2 512	366	158
河　　北	334 802	103 938	9 583	3 772
山　　西	107 407	59 180	14 875	5 780
内　蒙　古	424 578	208 918	84 142	34 868
辽　　宁	138 463	52 538	12 638	3 063
吉　　林	47 099	37 108	3 658	2 126
黑　龙　江	53 016	27 172	5 106	1 642
上　　海	17 113	505	1	9
江　　苏	433 843	16 710	2 443	1 368
浙　　江	99 265	3 600	890	537
安　　徽	463 102	50 505	4 515	2 168
福　　建	36 862	5 336	649	374
江　　西	54 047	5 251	1 483	496
山　　东	507 493	78 407	8 864	3 721
河　　南	1 095 795	48 254	4 480	2 448
湖　　北	389 896	34 428	3 910	1 841
湖　　南	332 701	33 000	6 076	2 569
广　　东	15 099	2 542	560	204
广　　西	135 148	14 038	1 802	445
海　　南	54 061	2 901	416	78
重　　庆	363 957	20 636	2 002	742
四　　川	1 648 581	76 271	7 106	2 474
贵　　州	443 435	17 921	1 376	385
云　　南	724 680	47 471	3 794	674
西　　藏	107 126	13 009	1 374	231
陕　　西	337 140	55 656	4 108	1 632
甘　　肃	726 637	67 118	13 141	5 252
青　　海	120 713	26 534	10 863	4 842
宁　　夏	203 415	24 703	10 792	2 744
新　　疆	1 006 801	206 728	29 819	8 773

4-29 续　表

单位：个

地　区	年出栏 500~999只 场（户）数	年出栏 1 000~2 999只 场（户）数	年出栏 3 000只以上 场（户）数
全国总计	24 802	7 646	1 876
北　京	28	2	1
天　津	24	21	7
河　北	1 134	727	220
山　西	1 802	741	291
内　蒙　古	8 474	1 411	296
辽　宁	1 000	140	49
吉　林	510	213	36
黑　龙　江	228	72	12
上　海	3	5	2
江　苏	758	491	127
浙　江	186	127	34
安　徽	809	331	73
福　建	65	19	4
江　西	72	24	2
山　东	849	843	222
河　南	889	435	136
湖　北	383	194	23
湖　南	369	22	0
广　东	32	15	2
广　西	60	8	1
海　南	23	11	1
重　庆	134	30	1
四　川	568	107	15
贵　州	76	23	4
云　南	140	33	3
西　藏	19	8	2
陕　西	384	73	4
甘　肃	1 449	400	51
青　海	557	160	26
宁　夏	839	221	69
新　疆	2 938	739	162

五、畜产品及饲料集市价格

5-1　各地区 2018 年 1 月畜产品及饲料集市价格

单位: 元/千克、元/只

地　区	仔猪	活猪	猪肉	鸡蛋	商品代蛋雏鸡	商品代肉雏鸡	活鸡	白条鸡	牛肉
全国均价	**30.60**	**15.25**	**25.46**	**10.55**	**3.35**	**2.84**	**19.07**	**19.31**	**64.83**
北　　京	26.00	14.96	23.82	9.63	3.15	5.50		15.68	56.12
天　　津	30.72	14.86	27.55	9.46	2.61	1.82	8.09	15.20	57.14
河　　北	30.14	15.12	24.11	9.53	3.02	2.71	9.57	14.65	55.88
山　　西	32.52	14.90	24.01	9.23	3.21	3.36	13.76	15.95	56.66
内　蒙　古	36.89	15.24	24.27	9.74	4.58	4.70	16.91	17.07	57.33
辽　　宁	39.57	14.59	24.23	9.10	2.95	2.51	26.24	15.19	59.48
吉　　林	33.18	14.55	22.84	8.84	3.95	2.22	17.83	13.88	57.70
黑　龙　江	32.42	14.07	22.22	8.65	2.74	2.25	10.46	13.75	58.27
上　　海	27.73	15.87	29.01	10.97	3.52	2.36	21.73	23.39	73.13
江　　苏	23.73	14.85	25.59	9.83	2.84	2.29	17.27	17.55	66.49
浙　　江	26.00	15.97	27.61	10.79	2.83	2.08	18.40	18.92	75.24
安　　徽	29.76	15.42	25.62	10.36	3.20	2.12	17.32	17.49	65.33
福　　建	35.30	15.72	25.19	11.09	3.18	2.08	23.37	22.40	77.51
江　　西	35.21	15.44	26.08	12.16	3.51	2.61	23.56	22.29	78.52
山　　东	27.05	15.02	26.24	9.27	2.87	1.93	9.24	15.37	62.05
河　　南	31.39	14.99	24.90	9.24	2.88	2.33	12.11	14.34	57.51
湖　　北	29.25	15.18	25.71	9.69	3.43	2.80	16.49	15.78	67.42
湖　　南	33.22	15.64	26.34	11.01	3.41	3.19	26.92	23.15	77.29
广　　东	32.32	15.11	25.82	12.13	3.10	2.44	24.21	30.85	78.63
广　　西	26.92	14.59	24.35	12.91	4.13	1.80	25.18	28.88	71.55
海　　南	21.55	14.51	30.30	12.75	3.70	3.11	30.87	33.38	93.48
重　　庆	20.03	15.33	24.13	10.93	3.06	2.84	21.44	19.88	66.20
四　　川	23.04	15.49	25.67	12.74	4.15	4.37	28.03	24.23	63.98
贵　　州	23.91	16.65	28.70	12.44	4.45	4.21	25.82	24.74	69.06
云　　南	27.02	15.01	26.39	11.14	3.75	3.94	18.51	21.96	65.77
陕　　西	34.41	14.96	24.77	9.89	3.44	2.66	16.83	18.00	57.83
甘　　肃	38.49	16.35	27.22	10.65	4.51	4.01	18.88	19.37	59.72
青　　海	50.68	17.09	25.79	10.86	3.21	2.95	25.69	27.93	57.97
宁　　夏	33.00	14.91	25.61	10.49	3.41	2.90	19.73	17.55	58.55
新　　疆	29.47	15.44	26.11	10.65	3.59	3.33	19.12	20.05	61.01

5-1 续 表

单位：元/千克、元/只

地 区	生鲜乳	羊肉	玉米	豆粕	小麦麸	进口鱼粉	育肥猪配合饲料	肉鸡配合饲料	蛋鸡配合饲料
全国均价	3.73	61.27	1.98	3.33	1.84	12.56	3.04	3.11	2.84
北 京	3.64	62.04	1.83	3.19	1.64	14.06	2.86	3.05	2.65
天 津	3.66	62.68	1.82	3.05	1.62	8.50	2.57	3.04	2.43
河 北	3.46	59.82	1.80	3.20	1.55	11.89	2.62	3.07	2.42
山 西	3.43	59.00	1.79	3.27	1.65	13.15	2.99	3.43	2.62
内 蒙 古	3.29	53.95	1.80	3.44	1.85	9.90	3.55	3.16	2.96
辽 宁	3.67	60.72	1.77	3.21	1.86	12.80	2.91	3.03	2.55
吉 林	3.43	58.57	1.63	3.50	1.77	12.54	2.84	2.78	2.58
黑 龙 江	3.44	59.21	1.56	3.45	1.85	12.07	3.04	2.94	2.68
上 海	4.40	73.40	2.02	3.01	1.66	12.66	2.97	3.01	2.85
江 苏	3.66	61.33	1.91	3.15	1.69	12.08	2.61	2.90	2.48
浙 江	5.66	66.22	2.05	3.12	1.79	13.25	2.71	2.85	2.72
安 徽	3.84	62.92	1.92	3.25	1.68	11.02	2.71	2.87	2.66
福 建	4.31	68.41	2.04	3.04	1.90	13.48	2.75	2.95	2.90
江 西	4.77	66.31	2.18	3.30	2.11	13.53	2.87	2.99	3.02
山 东	3.51	66.39	1.78	3.11	1.59	12.46	2.76	2.76	2.45
河 南	3.53	58.64	1.88	3.18	1.67	13.00	2.84	3.00	2.61
湖 北	4.12	58.69	2.13	3.20	1.90	12.11	2.79	2.76	2.58
湖 南		60.81	2.09	3.33	1.95	10.76	3.16	3.24	3.15
广 东	4.60	64.73	2.12	3.27	1.98	12.82	3.03	3.07	3.06
广 西	4.60	65.51	2.29	3.42	2.05	13.44	3.22	3.17	2.91
海 南		94.36	2.19	3.28	2.03		3.07	3.24	3.10
重 庆	4.87	55.66	2.13	3.28	1.98	11.93	3.10	3.15	3.13
四 川	3.92	60.53	2.15	3.59	1.99	12.23	3.51	3.42	3.31
贵 州	4.10	68.42	2.19	3.92	2.24	12.45	3.61	3.53	3.31
云 南	3.63	66.29	2.14	3.60	2.13	12.43	3.57	3.58	3.34
陕 西	3.23	59.46	1.87	3.31	1.71	12.40	3.13	3.13	2.74
甘 肃	3.97	52.96	2.11	3.51	1.82	14.25	3.31	3.35	3.23
青 海	4.09	53.78	2.15	3.09	1.85		3.25	3.25	3.10
宁 夏	3.60	51.29	1.85	3.83	1.75	13.30	3.32	3.26	3.10
新 疆	4.06	54.00	2.05	3.75	1.86	14.92	3.27	3.37	3.17

5-2　各地区 2018 年 2 月畜产品及饲料集市价格

单位：元/千克、元/只

地　区	仔猪	活猪	猪肉	鸡蛋	商品代蛋雏鸡	商品代肉雏鸡	活鸡	白条鸡	牛肉
全国均价	**29.84**	**14.06**	**24.98**	**10.59**	**3.29**	**2.98**	**19.57**	**19.64**	**66.05**
北　　京	24.45	13.46	24.12	9.60	3.45	5.50		15.31	58.80
天　　津	29.67	12.20	26.98	9.36	2.46	2.59	7.57	15.27	61.05
河　　北	29.73	13.33	23.07	9.48	3.04	3.02	9.30	14.65	56.92
山　　西	32.34	13.58	23.65	9.39	3.06	3.18	13.62	16.11	57.89
内　蒙　古	36.41	15.20	24.24	9.89	4.66	4.80	16.86	16.93	58.21
辽　　宁	35.57	12.50	22.66	9.04	2.96	2.76	27.24	15.03	60.56
吉　　林	31.95	12.84	21.94	8.86	3.35	2.53	18.01	14.15	59.51
黑　龙　江	29.78	12.26	20.75	8.87	2.73	2.22	10.42	13.80	58.68
上　　海	26.22	13.86	27.76	10.70				23.03	75.17
江　　苏	22.93	13.01	24.83	9.53	2.92	2.67	17.53	17.64	67.12
浙　　江	25.73	14.78	27.63	10.89	2.84	2.27	18.89	19.37	76.10
安　　徽	28.94	14.11	25.00	10.29	3.20	2.33	18.00	18.18	66.86
福　　建	34.44	14.63	25.83	11.11	3.12	2.00	24.42	23.64	80.41
江　　西	34.93	14.40	25.91	12.34	3.42	2.56	24.76	22.61	80.09
山　　东	25.38	12.91	25.24	9.09	2.92	2.80	9.26	15.52	63.01
河　　南	29.98	12.84	23.85	9.24	2.89	2.49	12.21	14.51	58.65
湖　　北	28.75	13.93	25.08	9.84	3.48	3.05	16.71	15.95	68.90
湖　　南	32.21	14.63	26.13	11.19	3.41	3.20	27.33	23.68	79.11
广　　东	33.00	14.66	25.99	12.21	3.02	2.60	24.75	31.70	79.66
广　　西	27.18	14.07	24.65	13.10	4.20	1.78	26.35	29.83	73.74
海　　南	21.25	13.87	30.83	13.22	3.75	3.22	35.68	36.83	94.50
重　　庆	19.93	14.15	23.90	11.31	3.02	2.81	22.26	19.74	67.15
四　　川	22.78	14.64	25.42	12.79	3.81	4.13	28.41	24.44	64.73
贵　　州	23.35	16.60	28.92	12.63	4.31	4.24	27.09	25.21	70.52
云　　南	26.69	14.66	26.46	11.11	3.87	4.16	18.91	22.58	66.20
陕　　西	33.76	13.39	23.92	9.65	3.44	2.89	17.37	18.25	58.96
甘　　肃	38.27	15.53	26.48	10.62	3.67	3.40	19.38	20.08	60.13
青　　海	50.65	17.21	25.98	10.99	3.17	2.97	25.62	28.05	58.18
宁　　夏	32.76	14.51	24.98	10.04	3.35	2.94	19.47	17.87	59.07
新　　疆	28.98	15.38	25.40	10.71	3.59	3.34	19.15	20.54	62.48

5－2 续　表

单位：元/千克、元/只

地　　区	生鲜乳	羊肉	玉米	豆粕	小麦麸	进口鱼粉	育肥猪配合饲料	肉鸡配合饲料	蛋鸡配合饲料
全国均价	3.67	62.85	2.01	3.31	1.86	12.63	3.01	3.10	2.84
北　　京	3.61	63.80	1.84	3.19	1.64	14.30	2.84	3.04	2.62
天　　津	3.59	64.00	1.85	3.04	1.63	8.50	2.63	3.06	2.48
河　　北	3.47	60.85	1.86	3.19	1.58	11.90	2.65	3.10	2.45
山　　西	3.41	60.08	1.85	3.22	1.68	12.56	2.80	3.22	2.44
内　蒙　古	3.33	54.50	1.83	3.31	1.85	9.90	3.12	3.14	2.96
辽　　宁	3.64	62.03	1.82	3.21	1.88	13.06	2.90	3.04	2.53
吉　　林	3.42	59.79	1.68	3.48	1.81	12.65	2.87	2.80	2.60
黑　龙　江	3.45	60.38	1.63	3.42	1.83	12.09	2.92	2.94	2.69
上　　海	4.36	73.24	2.05	2.98	1.69	12.83	2.98	3.01	2.84
江　　苏	3.65	61.95	1.99	3.14	1.73	12.73	2.62	2.90	2.51
浙　　江	5.68	66.95	2.09	3.10	1.80	13.26	2.72	2.88	2.76
安　　徽	3.80	65.48	1.97	3.23	1.70	11.02	2.73	2.87	2.66
福　　建	4.10	73.57	2.07	3.05	1.97	13.50	2.77	2.96	2.92
江　　西	4.67	68.61	2.20	3.30	2.12	13.28	2.87	3.00	3.03
山　　东	3.50	67.32	1.83	3.09	1.63	12.46	2.77	2.76	2.46
河　　南	3.54	60.77	1.89	3.17	1.69	13.19	2.85	3.00	2.61
湖　　北	4.10	60.20	2.16	3.20	1.89	12.24	2.83	2.80	2.62
湖　　南		63.06	2.13	3.31	1.96	10.96	3.18	3.30	3.19
广　　东	4.60	66.59	2.14	3.23	1.99	13.09	3.04	3.08	3.02
广　　西	4.30	68.88	2.28	3.45	2.05	13.55	3.22	3.18	2.92
海　　南		96.50	2.26	3.30	2.03		3.14	3.29	3.14
重　　庆	4.87	58.89	2.13	3.24	2.00	11.97	3.12	3.14	3.11
四　　川	3.64	60.00	2.18	3.57	2.01	12.31	3.40	3.43	3.33
贵　　州	4.10	69.03	2.19	3.88	2.25	12.81	3.62	3.52	3.33
云　　南	3.44	67.80	2.18	3.58	2.13	12.34	3.50	3.54	3.34
陕　　西	3.19	60.96	1.92	3.30	1.72	12.40	3.15	3.15	2.75
甘　　肃	3.64	53.97	2.07	3.49	1.83	14.00	3.15	3.15	3.13
青　　海	4.07	54.63	2.15	3.04	1.86		3.28	3.26	3.10
宁　　夏	3.59	53.66	1.91	3.65	1.75	13.50	3.21	3.19	2.95
新　　疆	3.67	55.14	2.05	3.82	1.88	14.99	3.05	3.17	2.95

5－3　各地区 2018 年 3 月畜产品及饲料集市价格

单位：元/千克、元/只

地　　区	仔猪	活猪	猪肉	鸡蛋	商品代蛋雏鸡	商品代肉雏鸡	活鸡	白条鸡	牛肉
全国均价	**27.64**	**11.91**	**22.63**	**9.49**	**3.32**	**3.07**	**18.75**	**19.00**	**64.79**
北　　京	23.90	11.08	20.72	8.40	3.19	5.50		14.31	57.45
天　　津	27.42	10.32	24.65	7.02	2.48	2.39	7.05	14.67	60.94
河　　北	27.02	10.81	20.07	7.56	3.03	3.07	8.85	14.17	55.92
山　　西	30.16	11.43	21.12	7.70	3.06	3.05	13.14	15.90	57.27
内　蒙　古	36.79	13.88	22.79	8.91	4.60	4.68	16.55	16.65	57.64
辽　　宁	31.02	10.35	19.71	7.21	3.04	2.67	26.33	14.50	60.32
吉　　林	28.18	10.58	19.25	7.59	3.22	2.69	17.56	13.53	58.97
黑　龙　江	25.61	9.91	18.07	7.46	2.72	2.21	9.98	13.44	58.28
上　　海	24.35	11.29	25.45	9.80				22.29	71.84
江　　苏	19.76	11.02	22.48	8.19	2.86	2.79	17.21	16.87	65.75
浙　　江	23.57	11.84	25.07	10.10	2.85	2.53	18.34	19.12	74.33
安　　徽	26.88	11.78	22.58	8.95	3.17	2.64	17.10	17.45	63.87
福　　建	31.89	11.82	23.78	9.93	3.23	2.27	22.70	22.18	77.94
江　　西	31.89	11.93	23.59	11.66	3.42	2.56	23.54	21.66	77.53
山　　东	22.44	10.70	22.70	7.28	2.90	2.79	8.81	15.12	61.52
河　　南	27.62	10.55	21.19	7.60	2.94	2.58	11.76	13.79	57.98
湖　　北	27.07	11.70	22.72	8.73	3.44	3.26	16.23	15.75	67.13
湖　　南	30.11	12.35	23.61	10.42	4.11	3.20	26.24	23.08	77.16
广　　东	30.13	12.14	23.99	11.69	3.05	2.79	24.33	29.95	77.61
广　　西	24.33	11.72	22.02	12.69	4.10	1.97	24.63	28.47	72.15
海　　南	19.48	11.61	28.22	12.54	3.75	3.38	32.21	33.83	93.65
重　　庆	18.79	11.93	21.85	10.33	3.30	3.16	20.86	19.36	64.71
四　　川	21.24	12.58	23.26	12.14	3.83	4.14	27.43	23.81	63.67
贵　　州	22.41	15.20	27.40	12.17	4.37	4.38	26.44	24.74	68.96
云　　南	25.30	12.98	24.33	10.39	3.97	4.44	18.35	22.41	65.07
陕　　西	31.88	10.81	20.36	8.58	3.39	3.25	16.62	17.28	58.47
甘　　肃	37.55	13.88	25.36	10.01	3.60	3.42	18.81	19.88	59.65
青　　海	49.67	15.95	24.06	10.08	3.18	3.05	25.13	27.11	57.63
宁　　夏	30.74	12.52	22.60	9.22	3.37	3.12	18.75	17.57	57.66
新　　疆	28.05	14.55	24.38	10.17	3.57	3.48	18.91	20.33	62.43

5-3　续　表

单位：元/千克、元/只

地 区	生鲜乳	羊肉	玉米	豆粕	小麦麸	进口鱼粉	育肥猪配合饲料	肉鸡配合饲料	蛋鸡配合饲料
全国均价	**3.67**	**61.70**	**2.05**	**3.39**	**1.86**	**12.73**	**3.03**	**3.11**	**2.86**
北　京	3.45	61.75	1.90	3.24	1.66	14.35	2.87	3.03	2.64
天　津	3.51	63.25	1.95	3.20	1.67	8.58	2.68	3.10	2.51
河　北	3.42	60.20	1.92	3.27	1.58	11.90	2.68	3.12	2.47
山　西	3.38	58.11	1.89	3.34	1.67	12.48	2.82	3.22	2.44
内 蒙 古	3.43	54.24	1.84	3.30	1.84	9.90	3.11	3.16	2.97
辽　宁	3.63	62.46	1.91	3.33	1.88	13.00	2.94	3.04	2.58
吉　林	3.50	59.81	1.73	3.50	1.82	12.63	2.90	2.83	2.63
黑 龙 江	3.43	61.18	1.71	3.47	1.83	12.10	2.91	2.89	2.71
上　海	4.24	72.08	2.15	3.15	1.74	12.93	2.99	3.04	2.85
江　苏	3.62	60.41	2.07	3.28	1.72	13.04	2.69	2.96	2.56
浙　江	5.48	65.46	2.11	3.18	1.81	13.23	2.76	2.89	2.77
安　徽	3.78	62.22	2.02	3.30	1.70	10.97	2.77	2.89	2.67
福　建	3.80	71.03	2.14	3.21	1.97	13.65	2.80	2.98	2.93
江　西	4.65	65.85	2.20	3.32	2.10	13.46	2.88	3.01	3.03
山　东	3.52	65.87	1.92	3.22	1.63	12.56	2.81	2.81	2.50
河　南	3.50	59.94	1.94	3.28	1.71	13.25	2.90	3.04	2.65
湖　北	4.01	56.67	2.18	3.28	1.88	12.37	2.87	2.84	2.64
湖　南		60.26	2.17	3.41	1.98	11.07	3.12	3.28	3.17
广　东	6.19	64.73	2.16	3.31	1.97	13.17	3.05	3.10	3.01
广　西	4.28	67.80	2.30	3.48	2.03	13.42	3.22	3.19	2.94
海　南		94.28	2.24	3.29	2.07		3.17	3.32	3.17
重　庆	4.82	56.39	2.18	3.31	2.01	12.05	3.10	3.15	3.13
四　川	3.60	59.87	2.23	3.63	2.03	12.50	3.42	3.44	3.35
贵　州	4.10	67.60	2.18	3.88	2.25	13.26	3.58	3.49	3.30
云　南	3.39	67.54	2.26	3.63	2.12	12.59	3.54	3.54	3.37
陕　西	3.20	59.69	1.99	3.41	1.77	13.14	3.18	3.16	2.78
甘　肃	3.56	53.87	2.08	3.51	1.84	14.00	3.15	3.14	3.16
青　海	4.05	56.15	2.16	3.00	1.85		3.25	3.25	3.10
宁　夏	3.54	52.68	1.98	3.63	1.78	13.75	3.25	3.20	2.96
新　疆	3.60	55.21	2.08	3.89	1.88	14.89	3.04	3.15	2.88

5－4　各地区 2018 年 4 月畜产品及饲料集市价格

单位：元/千克、元/只

地　区	仔猪	活猪	猪肉	鸡蛋	商品代蛋雏鸡	商品代肉雏鸡	活鸡	白条鸡	牛肉
全国均价	**25.92**	**10.93**	**20.78**	**9.01**	**3.29**	**2.90**	**18.28**	**18.59**	**64.19**
北　京	24.04	9.81	18.51	8.04	3.20	5.50		14.12	57.35
天　津	26.12	10.01	23.08	7.16	2.54	2.16	7.35	14.33	60.52
河　北	25.36	10.06	18.10	7.22	3.00	2.86	8.64	14.02	55.71
山　西	28.57	10.30	18.63	7.16	3.03	2.89	12.96	15.78	56.74
内　蒙　古	36.27	12.28	20.60	8.23	4.60	4.67	16.34	16.46	57.22
辽　宁	30.24	9.98	17.81	7.03	2.93	1.98	25.99	14.28	60.34
吉　林	26.75	10.05	17.14	7.17	3.09	2.27	17.14	13.37	58.99
黑　龙　江	23.44	9.72	16.38	6.92	2.64	2.14	9.67	13.07	57.93
上　海	24.06	10.76	24.26	9.47				22.20	71.42
江　苏	18.19	10.18	20.96	7.75	2.80	2.41	17.37	16.91	65.17
浙　江	22.56	10.93	23.30	9.34	2.83	2.31	17.20	18.97	73.57
安　徽	25.16	10.65	20.42	8.24	3.07	2.44	16.07	16.68	62.59
福　建	29.57	10.89	22.11	9.24	3.37	2.47	21.90	21.57	76.89
江　西	29.52	10.78	21.48	11.27	3.40	2.57	22.92	21.17	76.58
山　东	21.11	10.15	20.45	7.25	2.84	2.21	8.85	14.75	61.34
河　南	26.03	9.92	19.25	7.17	2.86	2.47	11.52	13.50	57.95
湖　北	25.83	10.85	21.48	8.24	3.38	3.00	15.83	15.43	65.65
湖　南	27.79	11.19	21.72	9.67	4.09	3.20	25.53	22.75	75.99
广　东	26.95	11.16	22.46	11.08	3.03	2.64	23.52	29.38	76.01
广　西	21.93	10.44	20.39	12.55	4.09	1.99	23.60	27.32	70.62
海　南	18.77	10.89	25.91	12.07	3.63	3.13	28.54	29.56	92.67
重　庆	17.22	10.70	20.14	9.41	3.54	3.08	20.14	18.89	63.34
四　川	19.82	11.33	21.10	11.50	3.79	3.97	26.44	22.82	63.22
贵　州	21.37	13.89	25.89	11.90	4.41	4.35	25.77	24.50	68.15
云　南	23.21	11.67	23.10	9.98	3.97	4.44	19.09	22.12	64.32
陕　西	30.86	9.98	18.45	7.86	3.36	3.15	16.77	17.14	58.72
甘　肃	33.87	11.54	23.34	9.15	3.61	3.30	17.93	19.87	59.14
青　海	46.60	14.94	22.53	9.51	3.17	3.00	24.27	25.57	58.08
宁　夏	28.83	11.45	20.89	8.79	3.28	3.21	18.52	17.30	57.33
新　疆	26.34	13.54	22.88	9.86	3.54	3.64	18.73	20.23	61.93

5-4　续　表

单位：元/千克、元/只

地　区	生鲜乳	羊肉	玉米	豆粕	小麦麸	进口鱼粉	育肥猪配合饲料	肉鸡配合饲料	蛋鸡配合饲料
全国均价	**3.66**	**61.05**	**2.07**	**3.46**	**1.85**	**12.72**	**3.04**	**3.12**	**2.87**
北　京	3.38	61.78	2.02	3.39	1.67	14.50	2.91	3.02	2.73
天　津	3.49	62.90	1.93	3.31	1.66	8.60	2.73	3.13	2.53
河　北	3.38	60.27	1.92	3.33	1.59	11.80	2.69	3.14	2.47
山　西	3.36	57.31	1.92	3.41	1.69	12.26	2.87	3.23	2.45
内　蒙　古	3.42	53.89	1.87	3.35	1.85	10.00	3.14	3.17	2.98
辽　宁	3.66	62.25	1.88	3.42	1.84	13.01	2.96	2.98	2.57
吉　林	3.64	60.09	1.70	3.57	1.81	12.52	2.93	2.84	2.65
黑　龙　江	3.38	61.05	1.70	3.54	1.86	12.09	2.89	2.87	2.71
上　海	4.06	71.17	2.13	3.25	1.71	13.02	2.99	3.06	2.86
江　苏	3.56	58.71	2.10	3.38	1.69	13.68	2.70	3.02	2.59
浙　江	5.40	64.81	2.13	3.26	1.79	13.33	2.81	2.91	2.79
安　徽	3.73	60.13	2.05	3.38	1.67	11.05	2.80	2.92	2.69
福　建	3.77	68.51	2.12	3.33	1.95	13.46	2.78	2.93	2.87
江　西	4.65	63.45	2.16	3.36	2.07	13.42	2.89	3.02	3.04
山　东	3.50	65.38	1.94	3.34	1.61	12.65	2.79	2.84	2.53
河　南	3.48	59.53	1.96	3.37	1.69	13.33	2.92	3.06	2.68
湖　北	3.94	55.04	2.17	3.35	1.87	12.33	2.89	2.85	2.68
湖　南		59.70	2.17	3.50	1.97	11.14	3.10	3.25	3.13
广　东	6.34	62.48	2.16	3.38	1.92	13.25	3.02	3.10	3.02
广　西	4.34	66.01	2.32	3.54	2.06	13.52	3.23	3.22	3.00
海　南		91.40	2.19	3.24	2.03		3.14	3.29	3.15
重　庆	4.82	53.57	2.25	3.43	1.99	12.07	3.13	3.18	3.18
四　川	3.58	58.85	2.26	3.68	2.03	12.44	3.43	3.45	3.35
贵　州	4.08	67.56	2.20	3.90	2.23	13.12	3.57	3.51	3.31
云　南	3.30	67.22	2.35	3.72	2.16	12.79	3.60	3.60	3.45
陕　西	3.19	60.21	2.02	3.50	1.77	13.39	3.20	3.20	2.79
甘　肃	3.50	54.63	2.10	3.58	1.85	13.21	3.17	3.16	3.14
青　海	4.04	57.38	2.18	2.98	1.86		3.22	3.24	3.07
宁　夏	3.49	52.22	2.02	3.72	1.81	13.73	3.31	3.31	3.06
新　疆	3.73	55.63	2.09	3.90	1.88	15.33	3.04	3.14	2.90

5－5　各地区 2018 年 5 月畜产品及饲料集市价格

单位：元/千克、元/只

地　　区	仔猪	活猪	猪肉	鸡蛋	商品代蛋雏鸡	商品代肉雏鸡	活鸡	白条鸡	牛肉
全国均价	**24.08**	**10.57**	**19.52**	**9.12**	**3.28**	**2.90**	**18.09**	**18.40**	**63.93**
北　　京	24.24	10.04	17.57	8.26	3.20	5.50		13.90	56.84
天　　津	24.43	10.28	22.20	7.74	2.57	2.52	7.56	14.10	60.30
河　　北	23.34	10.04	16.99	7.63	2.91	2.93	8.87	14.16	55.48
山　　西	26.33	10.06	17.72	7.54	3.03	3.01	13.09	15.89	56.35
内 蒙 古	34.12	11.68	19.09	8.37	4.54	4.64	15.98	16.29	57.12
辽　　宁	29.00	10.19	17.13	7.61	2.95	2.49	25.64	14.45	60.37
吉　　林	25.89	10.20	16.45	7.63	3.15	2.20	17.33	13.28	58.61
黑 龙 江	23.13	9.96	16.22	7.72	2.70	2.30	9.81	13.02	57.68
上　　海	22.98	10.83	23.27	9.32	3.40	2.36	21.88	21.95	71.07
江　　苏	17.11	9.85	19.80	7.94	2.82	2.43	17.49	17.02	66.03
浙　　江	21.71	10.88	22.00	9.32	2.76	2.05	16.19	18.69	73.72
安　　徽	23.36	10.46	18.91	8.42	3.01	1.95	15.41	16.25	62.15
福　　建	26.30	10.73	21.15	9.38	3.55	2.39	21.47	20.83	77.10
江　　西	26.64	10.42	20.12	11.04	3.38	2.59	22.15	20.97	76.34
山　　东	20.45	10.23	19.66	7.41	2.81	2.47	8.91	14.39	61.07
河　　南	24.76	9.97	18.39	7.43	2.79	2.46	11.44	13.27	57.77
湖　　北	24.04	10.41	20.33	8.22	3.43	3.04	15.76	15.22	64.95
湖　　南	25.12	10.44	19.73	9.53	4.10	3.20	25.29	22.45	75.33
广　　东	23.77	10.62	21.30	10.80	3.01	2.28	23.35	29.07	75.85
广　　西	19.81	10.00	18.75	12.45	4.05	2.01	22.91	26.87	69.87
海　　南	16.74	10.48	23.67	11.55	3.80	3.15	27.66	28.72	91.00
重　　庆	15.95	10.20	18.76	9.38	3.54	3.12	20.23	18.38	62.70
四　　川	18.46	10.61	19.61	11.43	3.72	3.79	26.08	22.56	63.02
贵　　州	19.47	12.58	23.86	11.54	4.35	4.19	24.88	23.98	67.66
云　　南	20.96	10.72	21.67	9.97	3.94	4.25	19.14	21.95	64.06
陕　　西	29.28	9.86	17.58	8.43	3.37	3.09	16.80	17.17	58.84
甘　　肃	29.27	10.21	21.36	9.03	3.65	3.26	17.47	20.09	58.98
青　　海	44.50	14.27	20.85	9.39	3.14	2.98	23.35	25.17	58.00
宁　　夏	26.32	10.30	19.16	8.89	3.35	3.26	18.73	17.32	57.11
新　　疆	24.95	12.77	21.21	9.88	3.58	3.42	18.52	19.66	61.74

5－5 续　表

单位：元/千克、元/只

地　　区	生鲜乳	羊肉	玉米	豆粕	小麦麸	进口鱼粉	育肥猪配合饲料	肉鸡配合饲料	蛋鸡配合饲料
全国均价	**3.63**	**60.68**	**2.04**	**3.39**	**1.84**	**12.58**	**3.01**	**3.11**	**2.86**
北　　京	3.30	59.84	1.99	3.34	1.66	14.50	2.90	3.00	2.73
天　　津	3.42	62.92	1.88	3.21	1.65	8.60	2.71	3.13	2.48
河　　北	3.33	60.20	1.87	3.26	1.58	11.69	2.66	3.10	2.44
山　　西	3.36	56.81	1.90	3.30	1.68	12.30	2.84	3.24	2.46
内　蒙　古	3.31	53.97	1.90	3.36	1.87	10.06	3.14	3.17	2.98
辽　　宁	3.64	62.19	1.83	3.32	1.85	12.57	2.91	2.93	2.55
吉　　林	3.83	60.23	1.65	3.53	1.79	12.31	2.89	2.80	2.61
黑　龙　江	3.38	60.66	1.65	3.51	1.88	11.91	2.85	2.84	2.68
上　　海	4.03	72.60	2.04	3.12	1.67	12.58	2.93	3.01	2.82
江　　苏	3.60	58.87	2.05	3.27	1.68	13.80	2.67	3.01	2.57
浙　　江	5.36	66.16	2.09	3.23	1.77	13.04	2.79	2.89	2.79
安　　徽	3.71	59.24	2.01	3.32	1.67	10.89	2.78	2.90	2.68
福　　建	3.69	66.93	2.06	3.19	1.92	13.14	2.72	2.89	2.83
江　　西	3.63	61.82	2.10	3.29	2.05	13.35	2.86	3.00	3.02
山　　东	3.47	65.17	1.91	3.24	1.60	12.54	2.76	2.83	2.54
河　　南	3.44	59.35	1.95	3.26	1.67	13.10	2.90	3.04	2.66
湖　　北	3.91	54.09	2.15	3.29	1.83	12.04	2.87	2.84	2.66
湖　　南		59.01	2.13	3.45	1.96	11.00	3.09	3.23	3.13
广　　东	6.42	61.49	2.11	3.26	1.90	13.08	2.99	3.07	3.01
广　　西	4.47	64.44	2.30	3.50	2.07	13.29	3.22	3.24	3.06
海　　南		90.54	2.13	3.23	2.01		3.15	3.31	3.14
重　　庆	4.87	50.82	2.25	3.44	1.96	12.08	3.16	3.19	3.13
四　　川	3.58	58.11	2.23	3.67	2.01	12.38	3.41	3.44	3.35
贵　　州	4.08	66.41	2.20	3.70	2.21	13.05	3.52	3.50	3.29
云　　南	3.27	67.30	2.32	3.63	2.14	12.60	3.61	3.60	3.45
陕　　西	3.19	61.14	1.98	3.39	1.76	13.11	3.19	3.20	2.78
甘　　肃	3.53	55.51	2.10	3.53	1.84	12.78	3.17	3.15	3.15
青　　海	4.02	58.42	2.17	2.98	1.88		3.17	3.19	3.01
宁　　夏	3.43	52.41	2.01	3.76	1.81	13.38	3.30	3.34	3.04
新　　疆	3.66	55.86	2.08	3.91	1.88	15.42	3.01	3.13	2.93

5－6　各地区 2018 年 6 月畜产品及饲料集市价格

单位：元/千克、元/只

地　　区	仔猪	活猪	猪肉	鸡蛋	商品代蛋雏鸡	商品代肉雏鸡	活鸡	白条鸡	牛肉
全国均价	24.00	11.32	19.83	9.13	3.28	2.94	18.03	18.42	63.89
北　　京	24.31	11.08	19.10	8.15	3.20	5.50		13.82	57.16
天　　津	24.63	11.49	22.60	7.58	2.57	2.61	7.57	14.15	59.50
河　　北	23.49	11.15	17.56	7.54	2.79	3.01	8.83	14.10	55.32
山　　西	26.51	10.80	18.62	7.51	3.02	3.15	13.02	16.02	56.09
内　蒙　古	32.88	11.93	19.52	8.54	4.82	4.86	16.07	16.36	57.69
辽　　宁	30.98	11.24	18.40	7.54	2.83	2.86	25.04	14.77	60.09
吉　　林	26.04	11.51	17.49	7.76	3.26	2.54	17.77	13.45	58.96
黑　龙　江	23.67	11.35	17.52	7.89	2.81	2.46	10.09	13.21	57.94
上　　海	23.16	12.13	23.89	9.42	3.50	2.08	21.93	21.60	71.34
江　　苏	17.66	10.88	20.26	7.91	2.81	2.70	17.28	17.15	66.57
浙　　江	21.90	11.85	22.63	9.33	2.73	2.09	15.03	18.56	73.45
安　　徽	24.56	11.32	19.64	8.52	3.02	1.79	15.37	16.24	62.64
福　　建	26.95	12.01	21.39	9.46	3.50	2.30	21.71	20.65	77.01
江　　西	26.71	11.37	20.40	11.06	3.63	2.60	22.16	20.92	76.25
山　　东	21.44	11.49	20.39	7.35	2.75	2.53	8.97	14.48	60.65
河　　南	24.86	11.08	18.79	7.47	2.69	2.45	11.33	13.26	57.96
湖　　北	23.34	11.07	20.54	8.26	3.48	3.12	15.96	15.48	64.50
湖　　南	24.21	10.96	19.38	9.35	4.11	3.13	25.21	22.46	75.00
广　　东	24.08	11.62	21.12	10.77	2.81	2.06	23.24	29.24	75.82
广　　西	19.80	10.86	18.57	12.43	3.74	2.09	22.74	26.74	69.88
海　　南	15.47	10.39	22.80	11.26	3.75	3.26	26.23	28.70	91.11
重　　庆	15.70	10.57	18.45	9.57	3.47	3.11	20.33	17.98	62.70
四　　川	18.13	10.92	19.55	11.36	3.66	3.76	25.95	22.54	62.93
贵　　州	18.54	12.05	22.90	11.40	4.23	4.09	24.71	23.71	67.36
云　　南	20.20	10.91	21.50	10.17	3.96	4.19	18.90	21.88	64.24
陕　　西	28.96	10.82	19.08	8.57	3.33	3.22	16.33	17.12	58.96
甘　　肃	27.38	11.14	21.51	9.33	3.63	3.25	17.69	20.35	59.39
青　　海	43.49	13.72	20.63	9.39	3.19	3.03	23.32	25.05	57.69
宁　　夏	25.91	10.84	19.28	8.74	3.37	3.25	19.00	17.74	56.80
新　　疆	24.55	12.89	20.76	9.97	4.12	3.37	18.60	19.49	61.55

5－6　续　表

单位：元/千克、元/只

地　　区	生鲜乳	羊肉	玉米	豆粕	小麦麸	进口鱼粉	育肥猪配合饲料	肉鸡配合饲料	蛋鸡配合饲料
全国均价	**3.61**	**60.65**	**2.02**	**3.31**	**1.83**	**12.49**	**2.99**	**3.09**	**2.84**
北　　京	3.31	60.30	2.00	3.27	1.65	14.50	2.84	2.99	2.70
天　　津	3.38	61.85	1.89	3.14	1.62	8.60	2.70	3.10	2.46
河　　北	3.32	60.13	1.87	3.19	1.57	11.61	2.63	3.08	2.42
山　　西	3.40	56.87	1.89	3.21	1.66	12.08	2.81	3.22	2.42
内　蒙　古	3.32	54.88	1.91	3.30	1.89	10.12	3.16	3.16	3.00
辽　　宁	3.63	62.04	1.82	3.19	1.84	12.32	2.86	2.90	2.52
吉　　林	4.01	60.37	1.63	3.41	1.77	12.19	2.83	2.76	2.55
黑　龙　江	3.36	60.48	1.63	3.45	1.88	11.69	2.82	2.80	2.66
上　　海	4.16	75.17	1.99	3.00	1.69	12.41	2.89	2.98	2.79
江　　苏	3.59	58.11	2.04	3.17	1.67	13.80	2.64	2.98	2.54
浙　　江	5.35	66.34	2.09	3.17	1.78	13.02	2.77	2.87	2.79
安　　徽	3.67	59.37	1.98	3.24	1.65	11.00	2.74	2.88	2.65
福　　建	3.75	66.59	2.02	3.08	1.92	13.56	2.70	2.87	2.81
江　　西	3.30	60.79	2.08	3.23	2.05	13.35	2.85	2.98	3.01
山　　东	3.40	65.06	1.90	3.16	1.60	12.58	2.74	2.81	2.53
河　　南	3.43	59.56	1.95	3.17	1.67	12.89	2.90	3.04	2.65
湖　　北	3.92	53.45	2.14	3.23	1.83	12.03	2.86	2.85	2.64
湖　　南		59.36	2.11	3.37	1.94	10.91	3.07	3.22	3.11
广　　东	6.36	60.90	2.09	3.16	1.89	13.08	2.97	3.04	2.98
广　　西	4.51	63.58	2.28	3.42	2.07	13.20	3.22	3.23	3.10
海　　南		90.95	2.13	3.24	1.98		3.14	3.29	3.13
重　　庆	4.99	50.48	2.19	3.33	1.92	11.97	3.10	3.16	3.10
四　　川	3.57	58.15	2.22	3.56	1.98	12.21	3.39	3.43	3.34
贵　　州	4.08	65.89	2.17	3.54	2.18	12.79	3.50	3.47	3.26
云　　南	3.23	67.78	2.29	3.54	2.13	12.21	3.61	3.59	3.42
陕　　西	3.19	61.82	1.99	3.32	1.74	12.95	3.15	3.17	2.76
甘　　肃	3.58	56.69	2.13	3.42	1.83	12.77	3.14	3.15	3.15
青　　海	4.04	58.51	2.16	2.98	1.85		3.15	3.18	2.96
宁　　夏	3.40	52.06	2.02	3.68	1.83	12.97	3.31	3.34	3.07
新　　疆	3.51	55.50	2.07	3.87	1.87	15.02	3.02	3.16	2.93

5-7　各地区 2018 年 7 月畜产品及饲料集市价格

单位：元/千克、元/只

地　　区	仔猪	活猪	猪肉	鸡蛋	商品代蛋雏鸡	商品代肉雏鸡	活鸡	白条鸡	牛肉
全国均价	24.27	12.02	20.40	9.02	3.22	2.93	18.14	18.56	63.99
北　　京	24.98	11.62	19.79	7.83	3.28	5.50		13.76	56.76
天　　津	24.82	12.33	23.54	7.55	2.51	2.61	7.92	14.27	60.60
河　　北	23.94	11.80	18.25	7.47	2.76	3.02	8.85	14.26	55.70
山　　西	27.25	11.61	19.00	7.26	2.90	3.06	13.03	16.14	55.72
内 蒙 古	31.83	12.09	19.67	8.29	4.71	4.76	16.04	16.39	57.69
辽　　宁	31.72	11.81	19.29	7.23	2.75	2.70	24.80	14.92	59.70
吉　　林	26.28	11.89	18.20	7.51	3.19	2.44	18.49	13.57	59.27
黑 龙 江	23.86	11.82	18.32	7.37	2.79	2.46	10.00	13.28	58.18
上　　海	23.64	13.18	24.65	9.37	3.10	1.83	22.40	21.85	72.17
江　　苏	18.41	11.71	20.98	7.99	2.75	2.54	17.28	17.16	66.86
浙　　江	22.41	13.07	23.52	9.47	2.80	2.19	15.26	18.71	73.50
安　　徽	25.78	12.27	20.54	8.33	2.89	1.94	15.99	16.57	62.79
福　　建	27.52	13.10	21.37	9.36	3.34	2.28	21.36	20.79	77.01
江　　西	27.20	12.50	21.15	10.98	3.43	2.61	22.35	21.01	76.05
山　　东	22.10	12.26	21.04	7.45	2.72	2.48	9.39	14.95	60.77
河　　南	25.87	12.21	19.88	7.34	2.64	2.30	11.47	13.52	58.13
湖　　北	23.35	11.78	20.78	8.28	3.40	3.15	16.13	15.61	64.64
湖　　南	24.26	11.88	19.94	9.26	4.11	3.15	25.33	22.52	74.55
广　　东	24.56	12.53	21.28	10.96	2.74	2.33	23.25	29.06	75.75
广　　西	20.58	11.68	19.17	12.39	3.84	2.15	23.12	26.95	70.03
海　　南	16.13	11.58	23.34	11.71	3.88	3.32	26.56	29.07	93.30
重　　庆	15.80	10.77	18.79	9.57	3.37	3.13	20.45	17.94	63.76
四　　川	18.41	11.43	20.05	11.34	3.59	3.89	26.43	22.54	62.70
贵　　州	17.94	12.13	22.83	11.36	4.25	4.25	24.64	23.99	67.67
云　　南	20.08	11.18	21.61	10.04	3.89	4.16	18.61	21.72	64.32
陕　　西	29.14	11.92	20.10	8.20	3.23	3.12	15.98	17.05	59.06
甘　　肃	27.87	11.90	21.96	9.17	3.51	3.25	17.89	20.56	59.86
青　　海	40.25	13.66	21.75	9.38	3.14	2.97	23.50	25.18	57.23
宁　　夏	25.35	11.19	19.41	8.37	3.30	3.10	18.75	17.93	57.08
新　　疆	23.86	13.10	20.82	9.53	4.14	3.40	18.86	19.94	61.87

5－7 续　表

单位：元/千克、元/只

地　区	生鲜乳	羊肉	玉米	豆粕	小麦麸	进口鱼粉	育肥猪配合饲料	肉鸡配合饲料	蛋鸡配合饲料
全国均价	**3.60**	**60.66**	**2.03**	**3.33**	**1.83**	**12.40**	**2.99**	**3.09**	**2.84**
北　京	3.33	60.65	2.01	3.30	1.65	14.50	2.82	2.98	2.68
天　津	3.39	62.85	1.91	3.12	1.62	8.60	2.66	3.09	2.45
河　北	3.32	60.11	1.88	3.21	1.56	11.43	2.65	3.08	2.43
山　西	3.43	56.50	1.90	3.25	1.64	11.77	2.79	3.20	2.42
内　蒙　古	3.30	55.03	1.90	3.26	1.90	10.11	3.18	3.21	3.03
辽　宁	3.60	61.13	1.80	3.22	1.83	12.28	2.85	2.94	2.52
吉　林	4.03	60.56	1.66	3.36	1.73	12.26	2.80	2.75	2.53
黑　龙　江	3.29	60.73	1.62	3.47	1.88	11.37	2.82	2.80	2.66
上　海	4.35	77.08	2.02	3.06	1.68	12.14	2.90	2.97	2.77
江　苏	3.56	57.81	2.04	3.21	1.66	12.86	2.65	2.99	2.54
浙　江	5.39	66.11	2.08	3.19	1.79	13.07	2.78	2.87	2.79
安　徽	3.60	60.23	1.99	3.25	1.62	11.21	2.73	2.88	2.65
福　建	4.18	66.66	2.03	3.14	1.90	13.79	2.70	2.87	2.81
江　西	3.30	60.32	2.10	3.26	2.05	13.25	2.84	2.97	3.00
山　东	3.36	65.38	1.91	3.19	1.60	12.54	2.74	2.80	2.53
河　南	3.42	59.76	1.95	3.22	1.66	12.81	2.91	3.04	2.66
湖　北	3.94	53.08	2.15	3.25	1.82	11.88	2.84	2.84	2.63
湖　南		59.05	2.11	3.38	1.94	10.96	3.06	3.21	3.10
广　东	6.15	60.54	2.09	3.20	1.90	13.05	2.98	3.05	2.96
广　西	4.52	63.19	2.27	3.44	2.06	13.12	3.21	3.22	3.10
海　南		90.90	2.11	3.33	2.00		3.12	3.29	3.13
重　庆	4.60	49.88	2.18	3.32	1.92	12.03	3.09	3.16	3.08
四　川	3.53	58.23	2.23	3.55	1.98	11.98	3.37	3.41	3.31
贵　州	4.05	65.98	2.18	3.56	2.16	12.49	3.49	3.50	3.29
云　南	3.23	68.44	2.27	3.56	2.14	12.19	3.65	3.59	3.42
陕　西	3.20	62.28	2.01	3.34	1.74	12.93	3.16	3.19	2.78
甘　肃	3.62	57.29	2.14	3.46	1.84	11.72	3.12	3.09	3.04
青　海	4.02	58.56	2.16	2.96	1.87		3.15	3.18	2.97
宁　夏	3.35	51.91	2.01	3.63	1.83	12.66	3.35	3.38	3.05
新　疆	3.55	54.57	2.03	3.83	1.83	14.91	3.02	3.14	2.91

5-8　各地区 2018 年 8 月畜产品及饲料集市价格

单位：元/千克、元/只

地　　区	仔猪	活猪	猪肉	鸡蛋	商品代蛋雏鸡	商品代肉雏鸡	活鸡	白条鸡	牛肉
全国均价	**25. 37**	**13. 36**	**21. 96**	**10. 16**	**3. 35**	**3. 29**	**18. 59**	**19. 01**	**64. 36**
北　　京	26. 45	12. 73	21. 27	9. 10	3. 30	5. 50		14. 41	56. 92
天　　津	25. 64	13. 52	23. 82	9. 54	2. 75	3. 58	8. 51	15. 02	61. 37
河　　北	25. 44	13. 12	20. 16	9. 17	2. 86	3. 45	9. 65	14. 79	56. 41
山　　西	29. 02	13. 02	21. 26	8. 94	3. 05	3. 57	13. 47	16. 39	55. 86
内 蒙 古	31. 97	12. 95	21. 06	9. 16	4. 62	4. 73	16. 42	16. 66	57. 99
辽　　宁	31. 55	12. 54	20. 38	9. 13	3. 06	3. 59	24. 82	15. 50	60. 19
吉　　林	26. 49	12. 92	19. 47	9. 13	3. 47	3. 20	18. 95	14. 14	59. 61
黑 龙 江	24. 21	12. 38	19. 72	8. 97	2. 90	2. 61	10. 42	13. 78	58. 63
上　　海	23. 79	14. 46	25. 54	10. 46	3. 46	2. 34	22. 90	22. 37	72. 87
江　　苏	19. 82	13. 35	22. 55	9. 77	2. 97	3. 34	17. 85	17. 50	67. 96
浙　　江	24. 65	14. 67	25. 25	10. 44	2. 86	2. 52	16. 31	19. 07	73. 34
安　　徽	26. 78	13. 67	21. 90	9. 84	3. 18	2. 17	16. 60	16. 92	63. 50
福　　建	29. 32	14. 63	22. 80	10. 99	3. 32	2. 23	21. 13	21. 52	77. 24
江　　西	28. 59	13. 98	22. 43	11. 28	3. 44	2. 65	22. 66	21. 02	75. 63
山　　东	23. 37	13. 51	22. 82	9. 64	2. 91	3. 52	9. 96	15. 49	61. 07
河　　南	27. 37	13. 45	21. 63	9. 22	2. 87	2. 80	12. 11	14. 26	58. 11
湖　　北	24. 21	13. 15	22. 18	9. 29	3. 65	3. 77	16. 63	16. 12	64. 53
湖　　南	26. 20	13. 68	21. 82	10. 05	4. 18	3. 24	25. 72	22. 89	74. 48
广　　东	26. 35	14. 06	21. 86	11. 22	2. 93	2. 55	23. 91	29. 57	76. 19
广　　西	23. 40	13. 31	20. 86	12. 68	3. 90	2. 15	23. 66	27. 41	70. 71
海　　南	20. 10	14. 12	25. 09	12. 11	3. 70	3. 38	25. 75	28. 14	93. 01
重　　庆	16. 10	12. 60	20. 22	10. 20	3. 46	3. 20	21. 15	18. 60	64. 83
四　　川	19. 52	13. 30	21. 92	11. 98	3. 65	4. 10	26. 84	23. 41	63. 21
贵　　州	18. 17	13. 21	24. 05	11. 86	4. 29	4. 34	25. 25	24. 34	68. 42
云　　南	20. 95	12. 52	22. 80	10. 51	3. 84	4. 36	18. 87	21. 82	64. 97
陕　　西	30. 50	13. 40	22. 21	9. 88	3. 38	3. 70	16. 67	17. 56	59. 44
甘　　肃	28. 29	13. 08	23. 43	9. 82	3. 55	3. 30	18. 07	20. 99	60. 05
青　　海	38. 70	14. 15	23. 61	10. 26	3. 18	3. 06	24. 26	26. 06	57. 55
宁　　夏	26. 37	12. 65	21. 72	9. 33	3. 32	3. 07	19. 04	18. 28	57. 20
新　　疆	23. 65	13. 80	22. 06	9. 90	4. 19	3. 45	18. 86	20. 04	62. 80

5-8 续 表

单位：元/千克、元/只

地 区	生鲜乳	羊肉	玉米	豆粕	小麦麸	进口鱼粉	育肥猪配合饲料	肉鸡配合饲料	蛋鸡配合饲料
全国均价	**3.62**	**61.01**	**2.03**	**3.37**	**1.82**	**12.40**	**3.00**	**3.10**	**2.84**
北 京	3.34	60.46	2.01	3.36	1.65	14.50	2.84	2.98	2.69
天 津	3.43	64.76	1.91	3.18	1.64	8.60	2.66	3.10	2.45
河 北	3.37	60.85	1.89	3.22	1.54	11.25	2.67	3.10	2.46
山 西	3.44	56.65	1.90	3.29	1.65	12.08	2.81	3.15	2.42
内 蒙 古	3.28	55.59	1.90	3.25	1.90	9.99	3.22	3.23	3.06
辽 宁	3.55	62.24	1.81	3.28	1.81	12.32	2.87	2.96	2.55
吉 林	4.02	60.92	1.66	3.36	1.74	12.23	2.78	2.74	2.52
黑 龙 江	3.29	61.03	1.62	3.49	1.88	11.36	2.82	2.82	2.67
上 海	4.67	76.87	2.02	3.15	1.65	12.15	2.91	2.99	2.79
江 苏	3.53	57.23	2.03	3.28	1.66	11.90	2.66	2.99	2.54
浙 江	5.43	65.93	2.07	3.25	1.78	12.87	2.78	2.88	2.80
安 徽	3.65	60.45	1.99	3.32	1.62	11.28	2.74	2.89	2.66
福 建	4.35	67.10	2.04	3.24	1.87	13.80	2.69	2.88	2.78
江 西	3.30	60.57	2.10	3.33	2.05	13.29	2.86	2.98	3.00
山 东	3.37	65.96	1.92	3.23	1.61	12.25	2.77	2.81	2.55
河 南	3.43	59.87	1.96	3.29	1.65	12.75	2.91	3.05	2.67
湖 北	3.95	52.88	2.15	3.29	1.80	11.87	2.84	2.84	2.64
湖 南		59.04	2.11	3.45	1.94	10.94	3.08	3.23	3.10
广 东	6.24	59.24	2.10	3.27	1.90	13.08	3.01	3.07	2.98
广 西	4.61	63.76	2.29	3.48	2.07	13.17	3.22	3.24	3.12
海 南		89.71	2.12	3.39	2.01		3.15	3.33	3.15
重 庆	4.79	50.68	2.18	3.36	1.90	12.19	3.09	3.18	3.10
四 川	3.58	58.56	2.21	3.58	1.96	11.86	3.36	3.41	3.30
贵 州	3.98	67.00	2.21	3.61	2.19	12.52	3.50	3.53	3.31
云 南	3.26	69.43	2.29	3.60	2.12	12.38	3.68	3.59	3.43
陕 西	3.21	62.94	2.01	3.38	1.72	13.65	3.16	3.22	2.80
甘 肃	3.51	56.81	2.12	3.49	1.81	12.73	3.10	3.04	2.94
青 海	4.03	59.51	2.14	2.94	1.88		3.15	3.18	2.95
宁 夏	3.46	52.24	2.00	3.63	1.82	12.72	3.43	3.43	3.07
新 疆	3.57	54.79	1.99	3.83	1.79	14.95	3.04	3.10	2.83

5-9　各地区 2018 年 9 月畜产品及饲料集市价格

单位：元/千克、元/只

地　　区	仔猪	活猪	猪肉	鸡蛋	商品代蛋雏鸡	商品代肉雏鸡	活鸡	白条鸡	牛肉
全国均价	25.62	14.14	23.24	10.82	3.45	3.54	19.09	19.51	65.23
北　京	27.43	14.22	22.97	10.04	3.38	5.50		15.04	59.64
天　津	26.00	13.97	23.68	10.03	2.93	4.27	8.72	15.63	61.72
河　北	23.54	13.38	21.75	9.65	2.95	3.73	9.80	15.16	57.19
山　西	29.74	13.60	22.87	9.68	3.11	3.83	14.59	16.69	56.37
内蒙古	32.90	13.99	22.80	10.26	4.67	4.79	16.74	17.01	58.88
辽　宁	29.71	12.15	20.87	9.58	3.22	4.24	24.99	16.07	61.22
吉　林	26.05	12.78	20.32	10.01	3.65	4.11	19.10	14.55	60.66
黑龙江	23.51	12.42	19.99	9.58	3.01	2.81	10.61	14.24	58.93
上　海	24.75	16.63	28.76	11.14	3.85	2.60	24.08	23.51	76.00
江　苏	17.78	13.66	23.31	10.38	3.14	3.69	18.50	17.72	69.78
浙　江	27.36	19.10	30.37	11.45	2.95	2.66	17.00	19.70	75.13
安　徽	25.52	14.38	22.92	10.33	3.26	2.44	17.58	17.74	64.76
福　建	29.88	16.30	24.63	11.76	3.32	2.36	21.71	22.35	77.36
江　西	29.51	14.80	23.79	11.75	3.46	2.74	23.50	21.27	76.50
山　东	23.16	13.64	23.26	9.95	3.01	4.05	10.14	15.99	61.83
河　南	26.43	12.41	21.55	9.60	3.01	3.10	12.47	14.67	58.71
湖　北	24.60	14.25	23.71	10.28	3.82	4.09	17.32	16.48	66.81
湖　南	27.10	14.78	23.35	10.73	4.33	3.34	25.98	23.43	75.33
广　东	28.95	15.15	22.77	11.62	3.02	2.72	24.43	30.17	77.08
广　西	25.22	14.06	22.12	13.04	3.89	2.24	24.11	28.13	71.43
海　南	22.43	14.50	25.43	13.00	3.88	3.49	26.69	29.35	94.13
重　庆	17.41	14.46	22.52	11.30	3.33	3.16	21.86	19.18	65.83
四　川	20.51	14.75	23.71	12.56	3.79	4.16	27.50	24.48	63.39
贵　州	19.28	14.47	25.27	12.49	4.31	4.38	25.39	24.63	69.25
云　南	21.76	13.90	23.88	10.86	3.84	4.48	19.30	22.30	65.61
陕　西	30.05	14.38	23.61	10.82	3.52	4.26	18.39	18.01	60.44
甘　肃	28.69	13.76	24.47	10.81	3.80	3.57	18.77	21.60	59.70
青　海	37.92	14.82	24.70	11.47	3.23	3.18	24.11	26.44	58.23
宁　夏	28.00	14.13	23.72	10.68	3.32	3.07	19.32	18.58	58.70
新　疆	24.31	14.90	23.69	10.91	4.30	3.54	19.35	20.42	63.81

5-9　续　表

单位：元/千克、元/只

地　区	生鲜乳	羊肉	玉米	豆粕	小麦麸	进口鱼粉	育肥猪配合饲料	肉鸡配合饲料	蛋鸡配合饲料
全国均价	**3.69**	**62.06**	**2.04**	**3.46**	**1.82**	**12.46**	**3.02**	**3.12**	**2.86**
北　京	3.52	61.85	1.97	3.37	1.65	14.50	2.91	3.00	2.73
天　津	3.49	65.20	1.94	3.30	1.62	8.60	2.69	3.15	2.48
河　北	3.42	62.61	1.91	3.33	1.55	11.31	2.69	3.11	2.50
山　西	3.49	58.18	1.91	3.39	1.68	12.15	2.84	3.17	2.45
内 蒙 古	3.32	57.11	1.89	3.29	1.90	9.89	3.27	3.28	3.10
辽　宁	3.58	63.75	1.81	3.38	1.83	12.52	2.90	3.00	2.58
吉　林	3.99	61.26	1.68	3.44	1.75	12.33	2.82	2.76	2.55
黑 龙 江	3.30	61.34	1.64	3.53	1.88	11.37	2.83	2.83	2.68
上　海	4.89	77.33	2.06	3.27	1.63	12.19	2.92	3.01	2.80
江　苏	3.65	59.65	2.04	3.41	1.63	12.22	2.67	2.99	2.56
浙　江	5.47	66.72	2.11	3.35	1.78	12.78	2.82	2.90	2.83
安　徽	3.65	62.47	1.99	3.44	1.64	11.27	2.76	2.91	2.66
福　建	4.51	68.12	2.08	3.35	1.85	13.80	2.71	2.90	2.83
江　西	3.30	61.79	2.13	3.40	2.07	13.46	2.88	2.99	3.00
山　东	3.41	66.85	1.92	3.32	1.59	12.18	2.78	2.81	2.58
河　南	3.48	60.04	1.97	3.38	1.63	12.74	2.91	3.06	2.69
湖　北	4.00	55.96	2.15	3.40	1.80	11.98	2.87	2.86	2.69
湖　南		60.55	2.14	3.56	1.93	11.04	3.12	3.24	3.12
广　东	6.40	60.55	2.13	3.35	1.88	13.05	3.04	3.10	3.00
广　西	4.69	64.84	2.33	3.56	2.12	13.19	3.27	3.28	3.19
海　南		89.13	2.21	3.52	2.06		3.15	3.38	3.20
重　庆	4.79	52.12	2.18	3.45	1.91	12.29	3.12	3.16	3.10
四　川	3.79	59.09	2.21	3.67	1.97	11.93	3.38	3.41	3.32
贵　州	3.98	67.72	2.25	3.69	2.23	12.54	3.55	3.56	3.34
云　南	3.26	69.63	2.30	3.69	2.13	12.44	3.73	3.59	3.44
陕　西	3.41	64.46	1.98	3.48	1.70	15.24	3.19	3.21	2.82
甘　肃	3.62	56.38	2.12	3.57	1.78	12.79	3.04	3.12	2.95
青　海	3.99	60.86	2.17	2.96	1.91		3.19	3.17	2.93
宁　夏	3.67	53.90	2.00	3.67	1.81	12.47	3.56	3.46	3.11
新　疆	3.70	55.99	1.98	3.86	1.78	15.05	3.04	3.08	2.82

5-10　各地区 2018 年 10 月畜产品及饲料集市价格

单位：元/千克、元/只

地　　区	仔猪	活猪	猪肉	鸡蛋	商品代蛋雏鸡	商品代肉雏鸡	活鸡	白条鸡	牛肉
全国均价	**24.68**	**14.10**	**23.55**	**10.43**	**3.43**	**3.71**	**19.35**	**19.70**	**65.94**
北　　京	27.40	14.90	23.25	9.46	3.42	5.50		15.37	59.55
天　　津	24.53	13.11	23.58	9.04	2.75	4.74	8.57	15.47	62.68
河　　北	20.08	12.47	21.29	8.69	2.94	4.07	9.83	15.44	57.04
山　　西	27.08	12.49	22.08	9.00	3.18	4.13	15.45	17.24	57.93
内　蒙　古	32.42	14.28	23.03	9.64	4.68	4.82	16.64	17.00	59.35
辽　　宁	24.13	10.48	20.56	8.75	3.30	5.07	25.95	16.45	61.96
吉　　林	22.32	11.69	20.10	9.18	3.68	4.83	19.24	14.64	62.19
黑　龙　江	22.08	11.63	19.30	8.89	2.99	2.86	10.62	14.33	59.59
上　　海	23.95	15.50	28.43	10.54	3.42	2.40	23.63	22.96	76.60
江　　苏	17.28	13.05	23.05	9.39	3.04	4.24	18.58	17.65	70.49
浙　　江	28.11	19.52	32.28	11.19	2.94	2.68	17.09	19.80	77.69
安　　徽	24.22	14.82	23.85	9.73	3.19	2.40	17.41	17.77	66.00
福　　建	29.04	16.17	25.07	11.19	3.29	2.27	21.87	22.07	78.56
江　　西	30.19	14.74	24.73	11.47	3.42	2.67	23.74	21.56	77.41
山　　东	22.25	13.08	22.59	8.68	2.98	4.58	10.23	16.09	62.27
河　　南	24.43	12.05	21.27	8.83	2.96	3.31	12.57	14.77	58.99
湖　　北	24.10	14.34	24.20	9.86	3.86	4.24	17.47	16.45	68.26
湖　　南	26.97	15.29	24.33	10.81	4.31	3.33	26.14	23.48	75.84
广　　东	30.46	16.16	24.23	11.81	3.06	2.62	24.88	30.89	77.47
广　　西	24.18	13.79	22.24	13.27	4.10	2.05	24.72	28.46	72.31
海　　南	20.51	14.64	24.97	12.92	3.80	3.40	27.24	29.21	94.42
重　　庆	17.68	15.83	24.35	11.12	3.37	3.16	22.38	19.72	67.20
四　　川	20.46	15.61	24.85	12.79	3.89	4.27	28.21	25.09	64.29
贵　　州	19.44	15.57	26.56	12.59	4.24	4.25	25.37	24.97	69.75
云　　南	21.90	14.20	24.32	10.89	3.83	4.43	19.71	22.54	66.07
陕　　西	29.57	14.21	23.38	10.19	3.50	4.52	18.43	18.13	60.54
甘　　肃	29.71	13.90	25.00	10.74	3.91	3.74	19.33	21.64	60.44
青　　海	37.73	15.34	24.99	11.47	3.25	3.20	24.54	26.95	59.10
宁　　夏	26.45	14.22	24.16	10.51	3.33	3.13	19.60	18.85	59.15
新　　疆	24.29	14.98	23.81	11.12	3.79	3.57	19.33	20.44	64.08

5 - 10 续 表

单位：元/千克、元/只

地 区	生鲜乳	羊肉	玉米	豆粕	小麦麸	进口鱼粉	育肥猪配合饲料	肉鸡配合饲料	蛋鸡配合饲料
全国均价	**3.75**	**63.48**	**2.04**	**3.63**	**1.82**	**12.50**	**3.06**	**3.14**	**2.89**
北　京	3.53	62.14	1.96	3.64	1.66	14.50	3.10	3.16	2.86
天　津	3.61	65.36	1.96	3.50	1.59	8.60	2.70	3.18	2.52
河　北	3.49	63.43	1.91	3.53	1.56	11.33	2.70	3.13	2.52
山　西	3.52	60.64	1.91	3.61	1.68	12.16	2.88	3.19	2.50
内　蒙　古	3.41	58.16	1.90	3.37	1.90	10.04	3.29	3.28	3.11
辽　宁	3.63	65.45	1.81	3.62	1.81	12.44	2.93	3.05	2.63
吉　林	3.89	62.21	1.73	3.61	1.76	12.43	2.88	2.81	2.59
黑　龙　江	3.32	62.56	1.64	3.62	1.88	11.47	2.83	2.84	2.69
上　海	4.99	78.00	2.10	3.56	1.64	12.13	2.94	3.03	2.83
江　苏	3.67	63.20	2.00	3.63	1.63	12.69	2.68	3.01	2.57
浙　江	5.49	67.60	2.13	3.49	1.79	12.89	2.89	2.93	2.85
安　徽	3.71	64.47	1.98	3.64	1.63	11.26	2.79	2.94	2.69
福　建	4.54	70.82	2.12	3.56	1.88	13.79	2.79	2.97	2.90
江　西	3.30	62.68	2.16	3.54	2.07	13.55	2.90	3.01	3.01
山　东	3.48	67.36	1.88	3.53	1.58	12.36	2.80	2.83	2.59
河　南	3.53	60.63	1.93	3.62	1.62	12.69	2.92	3.07	2.70
湖　北	4.05	57.78	2.15	3.56	1.80	12.36	2.92	2.90	2.73
湖　南		61.64	2.14	3.70	1.93	11.08	3.16	3.28	3.16
广　东	6.19	64.91	2.16	3.55	1.90	13.11	3.07	3.12	3.02
广　西	4.84	66.00	2.35	3.66	2.14	13.10	3.29	3.30	3.21
海　南		89.20	2.26	3.69	2.10		3.16	3.38	3.21
重　庆	4.79	58.12	2.22	3.64	1.94	12.19	3.17	3.19	3.12
四　川	4.08	61.52	2.22	3.81	1.98	12.00	3.42	3.44	3.34
贵　州	4.00	68.81	2.24	3.77	2.26	12.52	3.59	3.58	3.36
云　南	3.34	70.37	2.29	3.86	2.11	12.18	3.76	3.61	3.46
陕　西	3.51	66.07	1.97	3.69	1.71	15.55	3.19	3.18	2.81
甘　肃	3.63	58.10	2.12	3.73	1.78	12.53	3.10	3.14	2.99
青　海	4.01	62.09	2.17	3.00	1.90		3.24	3.16	2.94
宁　夏	3.78	55.31	1.96	3.76	1.77	12.65	3.58	3.46	3.09
新　疆	3.74	56.77	1.94	3.96	1.80	15.17	3.03	3.08	2.84

5-11　各地区 2018 年 11 月畜产品及饲料集市价格

单位：元/千克、元/只

地　区	仔猪	活猪	猪肉	鸡蛋	商品代蛋雏鸡	商品代肉雏鸡	活鸡	白条鸡	牛肉
全国均价	**23.36**	**13.87**	**23.52**	**10.41**	**3.45**	**4.09**	**19.66**	**20.04**	**66.85**
北　京	25.75	13.66	21.33	9.39	3.44	5.50		15.53	59.31
天　津	23.75	12.36	23.48	9.08	2.91	6.09	9.85	15.92	63.46
河　北	18.86	12.15	20.61	8.74	3.00	4.71	10.38	15.97	57.60
山　西	22.56	11.03	20.75	8.90	3.22	5.04	15.98	18.66	59.25
内　蒙　古	30.99	14.28	23.13	9.47	4.94	5.22	16.98	17.60	60.48
辽　宁	21.67	10.97	20.87	8.86	3.36	6.46	26.64	16.78	62.32
吉　林	20.44	10.91	19.09	9.11	3.81	5.75	19.96	15.21	63.29
黑　龙　江	19.88	10.72	18.08	8.65	3.00	3.22	10.91	14.68	60.15
上　海	23.14	14.03	27.23	10.51	3.10	2.08	22.47	22.41	76.58
江　苏	15.84	12.04	22.11	9.54	3.03	5.20	18.67	18.05	72.22
浙　江	26.69	17.89	30.92	10.99	3.01	2.75	17.11	19.90	78.62
安　徽	22.81	13.73	23.15	9.76	3.18	2.62	17.38	17.89	67.54
福　建	28.12	16.65	25.25	10.96	3.27	2.20	22.01	22.10	79.38
江　西	27.85	13.64	24.33	11.33	3.36	2.61	23.70	21.72	77.38
山　东	20.76	12.32	22.11	8.83	3.00	5.79	10.99	16.48	63.65
河　南	21.74	11.24	20.46	8.81	3.03	3.80	12.83	15.02	59.65
湖　北	22.48	13.49	23.48	9.79	3.87	4.54	17.60	16.54	69.09
湖　南	26.38	15.22	25.68	10.85	4.09	3.36	26.65	23.98	77.15
广　东	31.04	16.31	24.79	11.81	3.05	2.37	24.68	31.12	77.74
广　西	22.56	13.40	21.86	13.37	3.94	1.93	24.88	28.59	72.76
海　南	19.43	14.89	24.49	12.96	3.75	3.21	28.10	29.14	95.21
重　庆	17.09	17.56	26.31	11.06	3.55	3.24	23.35	20.21	69.12
四　川	20.17	16.71	26.58	12.95	3.92	4.35	28.52	25.85	65.94
贵　州	19.72	17.94	28.93	12.81	4.11	4.01	25.79	25.24	70.16
云　南	22.00	14.29	24.71	10.93	3.95	4.43	20.30	23.29	67.23
陕　西	28.32	13.30	22.56	9.88	3.61	5.39	18.57	18.46	61.17
甘　肃	29.25	14.02	25.25	10.75	3.95	3.74	19.37	21.45	61.32
青　海	37.03	15.75	25.46	11.16	3.28	3.21	24.76	27.32	61.43
宁　夏	25.51	13.95	24.18	10.48	3.38	3.24	19.46	19.02	59.81
新　疆	23.64	15.19	24.39	10.98	3.57	3.62	19.11	20.13	64.81

5-11 续　表

单位：元/千克、元/只

地　区	生鲜乳	羊肉	玉米	豆粕	小麦麸	进口 鱼粉	育肥猪 配合饲料	肉鸡 配合饲料	蛋鸡 配合饲料
全国均价	**3.77**	**65.58**	**2.06**	**3.60**	**1.83**	**12.50**	**3.07**	**3.15**	**2.90**
北　京	3.55	63.40	1.97	3.54	1.65	14.50	3.18	3.26	2.88
天　津	3.66	68.45	2.00	3.38	1.57	8.60	2.69	3.26	2.56
河　北	3.57	64.81	1.93	3.52	1.57	11.43	2.70	3.16	2.52
山　西	3.55	62.84	1.93	3.55	1.70	11.77	2.93	3.21	2.55
内　蒙　古	3.48	59.75	1.91	3.39	1.89	10.14	3.30	3.29	3.13
辽　宁	3.66	67.51	1.84	3.45	1.82	12.38	2.92	3.09	2.61
吉　林	3.83	63.04	1.74	3.50	1.78	12.38	2.90	2.82	2.60
黑　龙　江	3.37	64.84	1.66	3.65	1.82	11.45	2.82	2.83	2.69
上　海	4.57	79.58	2.18	3.39	1.65	12.13	2.97	3.10	2.84
江　苏	3.53	65.00	2.04	3.54	1.64	12.78	2.67	3.00	2.56
浙　江	5.48	68.53	2.14	3.50	1.79	12.82	2.91	2.95	2.87
安　徽	3.73	66.67	2.03	3.59	1.65	11.34	2.81	2.97	2.70
福　建	4.52	72.72	2.16	3.48	1.88	13.64	2.81	3.01	2.94
江　西	3.30	63.23	2.19	3.51	2.07	13.61	2.91	3.02	3.02
山　东	3.51	68.89	1.93	3.48	1.57	12.40	2.81	2.86	2.60
河　南	3.55	62.75	1.95	3.57	1.61	12.83	2.91	3.06	2.70
湖　北	4.01	61.26	2.16	3.55	1.79	12.70	2.94	2.92	2.76
湖　南		64.06	2.16	3.71	1.94	10.97	3.17	3.30	3.18
广　东	6.16	66.02	2.19	3.52	1.90	13.05	3.08	3.13	3.03
广　西	5.01	67.30	2.36	3.65	2.15	13.04	3.31	3.32	3.23
海　南		92.79	2.19	3.78	2.08		3.13	3.35	3.21
重　庆	4.88	67.07	2.22	3.65	2.00	12.08	3.19	3.19	3.14
四　川	4.16	65.97	2.25	3.87	1.99	12.02	3.46	3.45	3.36
贵　州	4.00	69.99	2.26	3.76	2.25	12.52	3.58	3.61	3.39
云　南	3.39	73.09	2.29	3.83	2.13	12.33	3.78	3.63	3.48
陕　西	3.59	67.79	1.95	3.67	1.72	14.73	3.20	3.17	2.82
甘　肃	3.58	59.77	2.09	3.73	1.77	12.55	3.13	3.15	2.99
青　海	4.03	63.61	2.16	3.03	1.91		3.26	3.17	2.94
宁　夏	3.78	55.85	1.95	3.75	1.78	12.36	3.58	3.34	3.02
新　疆	3.73	57.95	1.88	4.02	1.78	15.25	3.02	3.12	2.85

5－12　各地区 2018 年 12 月畜产品及饲料集市价格

单位：元/千克、元/只

地　　区	仔猪	活猪	猪肉	鸡蛋	商品代蛋雏鸡	商品代肉雏鸡	活鸡	白条鸡	牛肉
全国均价	22.63	13.95	23.69	10.26	3.44	4.09	19.86	20.31	68.01
北　　京	22.50	11.73	20.36	9.28	3.45			15.89	60.75
天　　津	23.50	12.21	24.12	8.76	2.88	4.72	9.84	16.59	64.60
河　　北	18.25	11.85	20.35	8.41	3.03	5.82	10.34	16.35	58.54
山　　西	20.77	10.84	20.36	8.69	3.22	4.73	16.26	18.48	61.39
内 蒙 古	30.26	14.33	23.19	9.27	4.25	4.64	17.38	18.06	61.58
辽　　宁	20.62	10.50	19.76	8.36	3.28	6.81	26.89	16.95	62.50
吉　　林	20.21	9.97	18.32	8.80	3.95	6.33	20.24	15.59	63.44
黑 龙 江	18.10	9.55	16.38	8.22	3.06	3.58	11.31	15.24	60.83
上　　海	22.81	14.31	26.93	10.78	3.20	2.15	23.20	22.65	77.34
江　　苏	15.07	12.15	22.10	9.49	3.22	5.06	19.03	18.49	74.48
浙　　江	25.38	17.04	29.89	10.67	3.04	2.64	17.44	19.87	79.42
安　　徽	21.94	13.06	22.71	9.70	3.14	2.62	17.64	17.91	68.32
福　　建	28.17	17.83	27.01	10.70	3.20	2.21	22.04	22.85	81.22
江　　西	26.58	13.11	23.95	11.37	3.29	2.59	24.00	21.82	78.61
山　　东	19.84	12.88	22.49	8.55	3.11	5.50	10.91	16.57	64.94
河　　南	19.87	11.20	19.86	8.66	3.11	3.86	12.86	15.10	60.67
湖　　北	21.54	13.20	23.35	9.71	3.80	4.44	17.41	16.66	70.62
湖　　南	26.44	15.82	26.41	10.69	3.45	3.31	26.52	24.18	78.72
广　　东	30.22	16.08	24.90	11.76	3.04	2.18	24.81	31.16	78.55
广　　西	22.36	13.48	22.07	13.20	4.02	1.95	24.94	28.74	73.62
海　　南	18.54	15.09	25.22	12.96	3.75	3.19	28.63	29.87	99.40
重　　庆	16.74	17.70	26.97	11.04	3.73	3.43	24.17	20.49	70.62
四　　川	20.91	18.44	29.25	13.06	3.99	4.37	29.33	27.07	68.25
贵　　州	19.91	18.61	28.96	13.04	4.01	3.83	26.09	25.69	70.55
云　　南	22.05	14.33	25.14	11.10	4.00	4.41	20.38	23.26	67.93
陕　　西	24.31	12.54	21.77	9.46	3.61	5.24	18.82	19.01	62.63
甘　　肃	30.95	15.62	27.51	10.50	4.04	3.83	19.72	22.10	62.44
青　　海	36.78	16.57	26.42	11.26	3.40	3.68	24.71	27.66	62.56
宁　　夏	26.95	14.66	24.99	10.05	3.38	3.29	19.56	19.12	60.84
新　　疆	22.88	14.89	24.73	10.61	3.62	3.68	18.97	20.10	64.70

5-12 续　表

单位：元/千克、元/只

地　区	生鲜乳	羊肉	玉米	豆粕	小麦麸	进口鱼粉	育肥猪配合饲料	肉鸡配合饲料	蛋鸡配合饲料
全国均价	**3.80**	**67.77**	**2.08**	**3.48**	**1.83**	**12.36**	**3.07**	**3.16**	**2.89**
北　京	3.62	65.75	2.01	3.45	1.65	14.50	3.25	3.18	2.85
天　津	3.69	70.65	1.99	3.14	1.56	8.60	2.67	3.25	2.55
河　北	3.63	67.02	1.96	3.34	1.55	11.17	2.71	3.19	2.53
山　西	3.63	66.28	1.94	3.35	1.67	11.27	2.92	3.19	2.54
内　蒙　古	3.54	61.58	1.91	3.36	1.89	10.14	3.30	3.33	3.14
辽　宁	3.69	68.30	1.86	3.27	1.83	11.95	2.91	3.10	2.59
吉　林	3.80	64.43	1.77	3.43	1.78	12.35	2.98	2.84	2.61
黑　龙　江	3.43	66.91	1.68	3.56	1.83	11.25	2.83	2.86	2.71
上　海	4.35	80.50	2.17	3.12	1.64	11.97	2.94	3.08	2.82
江　苏	3.54	68.00	2.07	3.32	1.62	12.43	2.64	2.94	2.50
浙　江	5.49	69.90	2.17	3.37	1.79	12.47	2.88	2.96	2.89
安　徽	3.81	68.69	2.07	3.46	1.65	11.32	2.80	2.97	2.69
福　建	4.49	75.82	2.19	3.30	1.86	13.43	2.78	2.99	2.92
江　西	3.30	64.39	2.19	3.43	2.07	13.49	2.91	3.02	3.02
山　东	3.55	71.38	1.96	3.32	1.58	12.34	2.82	2.88	2.59
河　南	3.58	65.23	1.97	3.42	1.62	12.76	2.91	3.05	2.69
湖　北	3.98	63.28	2.18	3.45	1.79	12.70	2.94	2.90	2.76
湖　南		66.55	2.18	3.62	1.93	10.97	3.17	3.30	3.18
广　东	6.16	68.88	2.21	3.34	1.89	12.94	3.08	3.12	3.02
广　西	5.28	69.24	2.37	3.60	2.15	12.86	3.31	3.33	3.24
海　南		99.29	2.22	3.74	2.05		3.09	3.34	3.20
重　庆	4.85	69.86	2.23	3.48	2.02	11.86	3.19	3.17	3.13
四　川	4.17	70.85	2.28	3.72	1.99	11.96	3.47	3.46	3.35
贵　州	3.99	71.01	2.28	3.73	2.28	12.37	3.59	3.61	3.41
云　南	3.40	74.17	2.29	3.76	2.16	12.29	3.77	3.62	3.47
陕　西	3.59	69.81	1.97	3.47	1.73	13.33	3.16	3.17	2.77
甘　肃	3.63	61.33	2.06	3.58	1.78	12.88	3.11	3.12	2.96
青　海	4.01	63.59	2.17	3.07	1.93		3.31	3.27	3.04
宁　夏	3.71	58.10	1.98	3.72	1.76	12.48	3.64	3.37	3.04
新　疆	3.74	58.70	1.89	3.96	1.78	14.90	3.03	3.15	2.88

六、饲料产量

6-1　全国饲料总产量

单位：万吨

年　份	总产量	配合饲料	浓缩饲料	添加剂预混合饲料
1990	3 194.0	3 122.2	50.8	21.0
1991	3 582.7	3 494.0	59.0	29.8
1992	3 796.4	3 637.9	126.3	32.2
1993	3 921.8	3 704.4	172.5	44.9
1994	4 523.2	4 232.5	231.2	59.5
1995	5 268.0	4 857.9	345.9	64.2
1996	5 610.0	5 118.3	418.9	72.7
1997	6 299.2	5 473.8	700.7	124.7
1998	6 599.0	5 573.3	887.4	138.3
1999	6 872.7	5 552.7	1 096.8	223.2
2000	7 429.0	5 911.8	1 249.2	268.0
2001	7 806.5	6 086.8	1 418.8	300.8
2002	8 319.0	6 238.7	1 764.0	316.3
2003	8 711.6	6 427.6	1 958.1	325.8
2004	9 660.5	7 030.6	2 224.3	405.6
2005	10 732.3	7 762.2	2 498.3	471.8
2006	11 059.0	8 116.9	2 456.0	486.1
2007	12 331.0	9 318.9	2 491.2	520.9
2008	13 666.6	10 590.2	2 530.5	545.9
2009	14 813.2	11 534.5	2 686.3	592.5
2010	16 201.7	12 974.3	2 648.2	579.3
2011	18 062.6	14 915.0	2 542.5	605.1
2012	19 448.5	16 362.6	2 466.5	619.4
2013	19 340.1	16 307.9	2 398.5	633.7
2014	19 727.0	16 935.3	2 151.2	640.6
2015	20 009.2	17 396.2	1 960.5	652.5
2016	20 917.5	18 394.5	1 832.4	690.6
2017	22 161.2	19 618.6	1 853.7	688.9
2018	22 788.2	20 528.8	1 605.9	653.5

6-2   按畜种分全国饲料产量

单位：万吨

年　份	总产量	猪饲料	蛋禽饲料	肉禽饲料	水产饲料	反刍动物饲料	其他饲料
1990	3 194.0						
1991	3 582.7						
1992	3 796.4						
1993	3 921.8						
1994	4 523.2						
1995	5 268.0						
1996	5 610.0						
1997	6 299.2						
1998	6 599.0						
1999	6 872.7						
2000	7 429.0						
2001	7 806.5						
2002	8 319.0	3 096.8	1 811.5	2 213.3	724.0	273.9	199.5
2003	8 711.6	3 415.8	1 879.4	2 154.4	742.1	334.4	185.5
2004	9 660.5	3 793.2	1 928.3	2 608.8	831.0	326.9	172.3
2005	10 732.3	4 250.2	2 041.3	2 825.7	1 035.8	387.2	192.0
2006	11 059.0	4 015.0	2 202.7	2 896.9	1 241.0	462.6	240.8
2007	12 331.0	4 000.9	2 518.4	3 660.9	1 326.0	568.3	256.4
2008	13 666.6	4 576.9	2 666.1	4 211.5	1 338.8	570.5	302.8
2009	14 813.2	5 242.8	2 761.1	4 477.6	1 464.3	591.2	276.2
2010	16 201.7	5 946.8	3 007.7	4 734.9	1 502.4	728.0	282.1
2011	18 062.6	6 830.4	3 173.4	5 283.3	1 684.4	775.3	315.9
2012	19 448.5	7 721.6	3 229.2	5 513.7	1 892.3	775.1	316.7
2013	19 340.1	8 411.3	3 034.9	4 947.1	1 864.2	795.0	287.5
2014	19 727.0	8 615.6	2 901.8	5 033.2	1 902.2	876.5	397.0
2015	20 009.2	8 343.6	3 019.8	5 514.8	1 893.1	884.2	353.7
2016	20 917.5	8 725.7	3 004.6	6 011.3	1 930.0	879.9	366.1
2017	22 161.2	9 809.7	2 391.2	6 014.5	2 079.8	922.6	403.4
2018	22 788.2	9 719.8	2 984.3	6 059.1	2 210.6	1 004.3	360.1

七、生猪屠宰统计

7-1　全国不同规模生猪屠宰企业屠宰量

单位：个、万头

地　区	2 万头及以下		2 万~5 万头（含）		5 万~10 万头（含）	
	企业数量	屠宰量	企业数量	屠宰量	企业数量	屠宰量
北　　京	0	0.0	0	0.0	0	0.0
天　　津	3	3.5	7	28.2	8	56.6
河　　北	247	134.1	53	166.8	41	316.5
山　　西	73	59.2	35	108.7	12	78.7
内 蒙 古	135	74.3	26	86.3	6	49.7
辽　　宁	445	152.2	29	93.0	14	103.9
吉　　林	259	85.4	20	59.8	6	40.3
黑 龙 江	430	162.8	24	81.6	8	66.1
上　　海	0	0.0	0	0.0	1	7.7
江　　苏	17	5.0	22	83.6	32	246.7
浙　　江	50	41.5	43	138.0	34	252.6
安　　徽	161	118.3	36	124.7	21	147.1
福　　建	20	23.5	51	163.7	32	230.4
江　　西	405	176.6	72	250.3	26	172.1
山　　东	357	187.8	82	258.7	48	330.8
河　　南	37	34.5	38	128.2	33	240.4
湖　　北	525	266.2	46	151.0	28	198.4
湖　　南	301	186.1	75	283.9	49	327.2
广　　东	670	505.3	136	420.4	53	369.2
广　　西	585	414.2	90	282.8	52	380.0
海　　南	158	102.7	22	71.6	10	76.3
重　　庆	360	161.5	44	143.6	20	138.1
四　　川	1 006	643.3	127	394.1	55	404.9
贵　　州	111	68.4	57	190.3	14	102.2
云　　南	263	167.1	73	241.6	15	100.7
西　　藏	23	9.1	2	6.1	0	0.0
陕　　西	83	60.9	38	117.6	25	166.6
甘　　肃	44	42.7	20	75.2	4	29.0
青　　海	12	5.5	1	3.0	2	13.7
宁　　夏	12	10.9	9	26.9	3	16.6
新　　疆	36	25.6	7	22.5	3	19.6
新疆生产建设兵团	18	15.7	6	22.1	2	13.4
合　　计	6 846	3 943.9	1 291	4 224.3	657	4 695.5

7-1 续　表

单位：个、万头

地　区	10万～15万头（含）		15万头以上		合计	
	企业数量	屠宰量	企业数量	屠宰量	企业数量	屠宰量
北　京	0	0.0	9	625.6	9	625.6
天　津	1	11.8	4	101.9	23	202.1
河　北	9	119.3	21	1 020.8	371	1 757.5
山　西	3	39.6	4	106.3	127	392.5
内 蒙 古	2	23.5	1	63.4	170	297.2
辽　宁	10	132.3	17	655.3	515	1 136.6
吉　林	1	10.1	9	381.9	295	577.6
黑 龙 江	8	112.3	20	687.7	490	1 110.4
上　海	0	0.0	4	203.2	5	210.8
江　苏	24	298.0	39	1 509.9	134	2 143.3
浙　江	12	151.3	28	883.6	167	1 466.9
安　徽	11	139.6	17	593.9	246	1 123.6
福　建	7	85.1	13	382.0	123	884.7
江　西	8	94.2	7	241.9	518	935.2
山　东	10	119.9	46	3 355.6	543	4 252.8
河　南	24	315.4	41	1 710.9	173	2 429.3
湖　北	12	150.8	13	507.5	624	1 273.9
湖　南	4	47.6	14	439.9	443	1 284.6
广　东	37	465.2	62	2 748.9	958	4 509.0
广　西	16	185.0	15	391.3	758	1 653.3
海　南	0	0.0	2	76.9	192	327.5
重　庆	3	36.7	8	319.0	435	799.0
四　川	17	206.8	29	864.6	1 234	2 513.6
贵　州	3	34.9	5	133.2	190	528.9
云　南	8	97.5	7	265.5	366	872.4
西　藏	0	0.0	0	0.0	25	15.2
陕　西	3	41.1	5	258.4	154	644.5
甘　肃	3	34.2	3	69.9	74	251.0
青　海	0	0.0	1	27.9	16	50.1
宁　夏	0	0.0	0	0.0	24	54.4
新　疆	0	0.0	1	45.0	47	112.7
新疆生产建设兵团	0	0.0	1	31.9	27	83.0
合　计	236	2 952.3	446	18 703.6	9 476	34 519.5

7－2　全国规模以上生猪定点屠宰企业 2018 年生猪及白条肉价格基本情况

周　数	日　　期	生猪收购价格（元/千克）	环比涨跌	白条肉出厂价格（元/千克）	环比涨跌
第 1 周	1 月 1 日～1 月 7 日	15.62	0.39％	20.39	0.30％
第 2 周	1 月 8 日～1 月 14 日	15.77	0.96％	20.57	0.88％
第 3 周	1 月 15 日～1 月 21 日	15.70	−0.44％	20.51	−0.29％
第 4 周	1 月 22 日～1 月 28 日	15.68	−0.13％	20.45	−0.29％
第 5 周	1 月 29 日～2 月 4 日	15.44	−1.53％	20.29	−0.78％
第 6 周	2 月 5 日～2 月 11 日	15.07	−2.40％	19.88	−2.02％
第 7 周	2 月 12 日～2 月 18 日	14.85	−1.46％	19.71	−0.86％
第 8 周	2 月 19 日～2 月 25 日	14.58	−1.82％	19.41	−1.52％
第 9 周	2 月 26 日～3 月 4 日	14.00	−3.98％	18.67	−3.81％
第 10 周	3 月 5 日～3 月 11 日	13.36	−4.57％	17.90	−4.12％
第 11 周	3 月 12 日～3 月 18 日	12.85	−3.82％	17.26	−3.58％
第 12 周	3 月 19 日～3 月 25 日	12.35	−3.89％	16.71	−3.19％
第 13 周	3 月 26 日～4 月 1 日	12.05	−2.43％	16.25	−2.75％
第 14 周	4 月 2 日～4 月 8 日	11.91	−1.16％	16.03	−1.35％
第 15 周	4 月 9 日～4 月 15 日	11.78	−1.09％	15.85	−1.12％
第 16 周	4 月 16 日～4 月 22 日	11.65	−1.10％	15.66	−1.20％
第 17 周	4 月 23 日～4 月 29 日	11.49	−1.37％	15.49	−1.09％
第 18 周	4 月 30 日～5 月 6 日	11.34	−1.31％	15.25	−1.55％
第 19 周	5 月 7 日～5 月 13 日	11.25	−0.79％	15.14	−0.72％
第 20 周	5 月 14 日～5 月 20 日	11.20	−0.44％	15.05	−0.59％
第 21 周	5 月 21 日～5 月 27 日	11.37	1.52％	15.30	1.66％
第 22 周	5 月 28 日～6 月 3 日	11.72	3.08％	15.66	2.35％
第 23 周	6 月 4 日～6 月 10 日	11.81	0.77％	15.84	1.15％
第 24 周	6 月 11 日～6 月 17 日	11.94	1.10％	15.99	0.95％
第 25 周	6 月 18 日～6 月 24 日	12.04	0.84％	16.06	0.44％
第 26 周	6 月 25 日～7 月 1 日	12.01	−0.25％	16.03	−0.19％

7-2　续　表

周　数	日　期	生猪收购价格（元/千克）	环比涨跌	白条肉出厂价格（元/千克）	环比涨跌
第 27 周	7 月 2 日～7 月 8 日	12.14	1.08%	16.18	0.94%
第 28 周	7 月 9 日～7 月 15 日	12.56	3.46%	16.73	3.40%
第 29 周	7 月 16 日～7 月 22 日	12.76	1.59%	17.01	1.67%
第 30 周	7 月 23 日～7 月 29 日	13.15	3.06%	17.49	2.82%
第 31 周	7 月 30 日～8 月 5 日	13.54	2.97%	17.98	2.80%
第 32 周	8 月 6 日～8 月 12 日	13.90	2.66%	18.48	2.78%
第 33 周	8 月 13 日～8 月 19 日	14.13	1.65%	18.77	1.57%
第 34 周	8 月 20 日～8 月 26 日	14.18	0.35%	18.79	0.11%
第 35 周	8 月 27 日～9 月 2 日	14.21	0.21%	18.85	0.32%
第 36 周	9 月 3 日～9 月 9 日	14.61	2.81%	19.35	2.65%
第 37 周	9 月 10 日～9 月 16 日	14.83	1.51%	19.61	1.34%
第 38 周	9 月 17 日～9 月 23 日	14.95	0.81%	19.71	0.51%
第 39 周	9 月 24 日～9 月 30 日	14.97	0.13%	19.72	0.05%
第 40 周	10 月 1 日～10 月 7 日	14.82	−1.00%	19.54	−0.91%
第 41 周	10 月 8 日～10 月 14 日	14.91	0.61%	19.61	0.36%
第 42 周	10 月 15 日～10 月 21 日	14.87	−0.27%	19.57	−0.20%
第 43 周	10 月 22 日～10 月 28 日	14.81	−0.40%	19.51	−0.31%
第 44 周	10 月 29 日～11 月 4 日	14.84	0.20%	19.58	0.36%
第 45 周	11 月 5 日～11 月 11 日	14.71	−0.88%	19.43	−0.77%
第 46 周	11 月 12 日～11 月 18 日	14.56	−1.02%	19.41	−0.10%
第 47 周	11 月 19 日～11 月 25 日	14.38	−1.24%	19.24	−0.88%
第 48 周	11 月 26 日～12 月 2 日	14.45	0.49%	19.32	0.42%
第 49 周	12 月 3 日～12 月 9 日	14.61	1.11%	19.51	0.98%
第 50 周	12 月 10 日～12 月 16 日	14.65	0.27%	19.54	0.15%
第 51 周	12 月 17 日～12 月 23 日	14.46	−1.30%	19.41	−0.67%
第 52 周	12 月 24 日～12 月 30 日	14.33	−0.90%	19.29	−0.62%

7-3　全国月报样本生猪定点屠宰企业 2018 年屠宰量情况

月份	屠宰量（万头）	环比增减	同比增减
1 月	2 289.21	−1.52%	10.30%
2 月	1 748.39	−23.62%	37.19%
3 月	1 917.00	9.64%	11.51%
4 月	2 116.09	10.39%	21.84%
5 月	2 136.21	0.95%	15.40%
6 月	1 957.83	−8.35%	10.30%
7 月	1 951.34	−0.33%	7.98%
8 月	1 966.92	0.80%	7.70%
9 月	1 923.00	−2.23%	2.77%
10 月	1 950.95	1.45%	1.80%
11 月	2 006.51	2.85%	0.00%
12 月	2 288.35	14.05%	−1.56%

7-4 各地区规模以上生猪定点屠宰企业基本情况

地　　区	企业数量（个）	屠宰量（万头）
合　　　计	2 630	30 575.62
北　　京	9	625.60
天　　津	20	198.61
河　　北	124	1 623.37
山　　西	54	333.28
内　蒙　古	35	222.90
辽　　宁	70	984.49
吉　　林	36	492.12
黑　龙　江	60	947.68
上　　海	5	210.83
江　　苏	117	2 138.22
浙　　江	117	1 425.39
安　　徽	85	1 005.32
福　　建	103	861.17
江　　西	113	758.60
山　　东	186	4 065.08
河　　南	136	2 394.85
湖　　北	99	1 007.68
湖　　南	142	1 098.58
广　　东	288	4 003.65
广　　西	173	1 239.15
海　　南	34	224.79
重　　庆	75	637.50
四　　川	228	1 870.32
贵　　州	79	460.49
云　　南	103	705.27
西　　藏	2	6.11
陕　　西	71	583.61
甘　　肃	30	208.32
青　　海	4	44.60
宁　　夏	12	43.55
新　　疆	11	87.13
新疆生产建设兵团	9	67.34

八、中国畜产品进出口统计

8-1　畜产品进出口分类别情况

类　别	单位	进出口贸易总额			进口金额	
		总额	占贸易总额比重	比上年增减	贸易额	占进口总额比重
生猪产品	万美元、%	471 750.84	13.34	−15.16	362 565.24	12.71
其中：猪肉#	万美元、%	226 927.62	6.41	−8.46	207 397.13	7.27
猪杂碎#	万美元、%	153 032.97	4.33	−28.83	152 785.37	5.36
蛋产品	万美元、%	18 812.02	0.53	0.91	1.52	0.00
禽产品	万美元、%	323 515.61	9.15	12.01	140 719.80	4.93
其中：家禽肉及杂碎#	万美元、%	172 008.97	4.86	8.26	114 025.35	4.00
乳品	万美元、%	1 054 973.26	29.82	16.96	1 018 230.15	35.71
其中：工业奶粉#	万美元、%	243 835.29	6.89	11.96	242 851.22	8.52
婴幼儿奶粉#	万美元、%	507 293.83	14.34	25.14	476 932.52	16.72
乳清粉#	万美元、%	62 291.04	1.76	−4.95	62 213.83	2.18
鲜奶#	万美元、%	93 762.53	2.65	4.18	91 259.01	3.20
乳酪#	万美元、%	51 440.70	1.45	3.14	51 316.49	1.80
牛产品	万美元、%	532 738.86	15.06	51.96	518 329.16	18.18
其中：牛肉#	万美元、%	480 284.02	13.58	56.29	479 964.17	16.83
羊产品	万美元、%	134 933.76	3.81	45.19	131 504.72	4.61
其中：羊肉#	万美元、%	134 852.84	3.81	45.24	131 504.72	4.61
马、驴、骡	万美元、%	8 379.51	0.24	10.39	8 233.84	0.29
骆驼产品	万美元、%	135.22	0.00	−53.35	135.22	0.00
兔产品	万美元、%	2 965.23	0.08	−1.97	36.73	0.00
动物毛	万美元、%	362 898.31	10.26	15.00	336 968.41	11.82
动物生皮	万美元、%	165 482.34	4.68	−25.29	164 068.18	5.75
动物生毛皮	万美元、%	49 485.21	1.40	−27.52	49 251.17	1.73
其他畜产品	万美元、%	411 438.54	11.63	10.62	121 612.64	4.26
畜产品合计	万美元、%	3 537 508.72	100.00	10.64	2 851 656.77	100.00

8-1　续表 1

类　　别	单位	进口金额	出口金额		
		比上年增减	贸易额	占出口总额比重	比上年增减
生猪产品	万美元、%	−17.61	109 185.60	15.92	−5.85
其中：猪肉[#]	万美元、%	−6.60	19 530.49	2.85	−24.47
猪杂碎[#]	万美元、%	−28.93	247.60	0.04	367.80
蛋产品	万美元、%	−86.69	18 810.49	2.74	0.97
禽产品	万美元、%	16.96	182 795.81	26.65	8.48
其中：家禽肉及杂碎[#]	万美元、%	10.55	57 983.62	8.45	4.04
乳品	万美元、%	14.46	36 743.10	5.36	196.77
其中：工业奶粉[#]	万美元、%	12.00	984.08	0.14	3.86
婴幼儿奶粉[#]	万美元、%	19.83	30 361.31	4.43	312.28
乳清粉[#]	万美元、%	−5.03	77.21	0.01	206.85
鲜奶[#]	万美元、%	3.78	2 503.53	0.37	21.22
乳酪[#]	万美元、%	3.15	124.21	0.02	0.65
牛产品	万美元、%	54.42	14 409.71	2.10	−3.49
其中：牛肉[#]	万美元、%	56.59	319.84	0.05	−59.50
羊产品	万美元、%	48.94	3 429.04	0.50	−26.14
其中：羊肉[#]	万美元、%	48.94	3 348.12	0.49	−26.50
马、驴、骡	万美元、%	8.76	145.67	0.02	602.43
骆驼产品	万美元、%	−53.35	0.00	0.00	0.00
兔产品	万美元、%	−6.34	2 928.50	0.43	−1.92
动物毛	万美元、%	16.25	25 929.91	3.78	0.90
动物生皮	万美元、%	−25.51	1 414.16	0.21	14.59
动物生毛皮	万美元、%	−27.65	234.05	0.03	20.73
其他畜产品	万美元、%	19.78	289 825.90	42.26	7.18
畜产品合计	万美元、%	11.32	685 851.94	100.00	7.90

8-1　续表 2

类　别	单位	进出口贸易总量			进口总量	
		总量	占贸易总量比重	比上年增减	总量	占进口总量比重
生猪产品	万吨、%	248.74	23.80	−12.11	215.44	23.91
其中：猪肉[#]	万吨、%	123.46	11.81	−2.64	119.28	13.24
猪杂碎[#]	万吨、%	96.23	9.21	−24.94	96.06	10.66
蛋产品	吨、%	99 608.34	0.95	−11.65	2.68	0.00
禽产品	万吨、%	102.78	9.83	6.51	50.48	5.60
其中：家禽肉及杂碎[#]	万吨、%	72.50	6.94	4.70	50.39	5.59
乳品	万吨、%	269.99	25.83	7.38	264.50	29.35
其中：工业奶粉[#]	万吨、%	80.46	7.70	11.60	80.14	8.89
婴幼儿奶粉[#]	万吨、%	33.99	3.25	13.10	32.45	3.60
乳清粉[#]	万吨、%	55.51	5.31	5.30	55.48	6.16
鲜奶[#]	万吨、%	70.04	6.70	1.40	67.33	7.47
乳酪[#]	万吨、%	10.85	1.04	0.29	10.83	1.20
牛产品	万吨、%	114.90	10.99	48.00	112.54	12.49
其中：牛肉[#]	万吨、%	103.98	9.95	49.40	103.94	11.53
羊产品	万吨、%	32.26	3.09	26.82	31.92	3.54
其中：羊肉[#]	万吨、%	32.23	3.08	26.83	31.90	3.54
马、驴、骡	万吨、%	3.29	0.31	27.94	3.28	0.36
骆驼产品	吨、%	42.82	0.00	−54.16	42.82	0.00
兔产品	吨、%	5 996.16	0.06	−15.19	1.72	0.00
动物毛	万吨、%	40.79	3.90	7.36	38.91	4.32
动物生皮	万吨、%	113.52	10.86	−10.24	111.90	12.42
动物生毛皮	吨、%	19 212.49	0.18	−18.05	19 051.19	0.21
其他畜产品	万吨、%	106.50	10.19	8.76	70.25	7.80
畜产品合计	万吨、%	1 045.24	100.00	3.15	901.13	100.00

8-1 续表3

类　　别	单位	进口总量 比上年增减	出口总量 总量	占出口总量比重	比上年增减
生猪产品	万吨、%	−13.81	33.29	23.10	0.71
其中：猪肉#	万吨、%	−1.97	4.18	2.90	−18.58
猪杂碎#	万吨、%	−25.05	0.17	0.12	309.77
蛋产品	吨、%	−95.86	99 605.66	6.91	−11.60
禽产品	万吨、%	11.62	52.30	36.29	2.01
其中：家禽肉及杂碎#	万吨、%	11.50	22.11	15.34	−8.08
乳品	万吨、%	6.78	5.49	3.81	47.10
其中：工业奶粉#	万吨、%	11.60	0.31	0.22	10.33
婴幼儿奶粉#	万吨、%	9.64	1.54	1.07	236.73
乳清粉#	万吨、%	5.28	0.02	0.02	64.74
鲜奶#	万吨、%	0.86	2.71	1.88	17.10
乳酪#	万吨、%	0.25	0.02	0.01	23.45
牛产品	万吨、%	49.62	2.36	1.63	−2.45
其中：牛肉#	万吨、%	49.53	0.04	0.03	−52.96
羊产品	万吨、%	28.13	0.34	0.24	−35.35
其中：羊肉#	万吨、%	28.14	0.33	0.23	−36.14
马、驴、骡	万吨、%	27.72	0.01	0.01	270.21
骆驼产品	吨、%	−54.16	0.00	0.00	0.00
兔产品	吨、%	−14.99	5 994.44	0.42	−15.19
动物毛	万吨、%	7.62	1.88	1.31	2.31
动物生皮	万吨、%	−10.51	1.62	1.12	13.28
动物生毛皮	吨、%	−18.42	161.30	0.01	75.87
其他畜产品	万吨、%	15.73	36.25	25.15	−2.60
畜产品合计	万吨、%	3.60	144.11	100.00	0.45

8-2　畜产品进出口额

单位：亿美元

年　份	进口额	出口额	贸易总额
1995	14.79	28.24	43.02
1996	14.14	28.56	42.70
1997	13.76	27.38	41.15
1998	13.31	24.57	37.88
1999	18.45	22.43	40.89
2000	26.55	25.90	52.45
2001	27.87	26.65	54.52
2002	28.77	25.70	54.47
2003	33.44	27.16	60.60
2004	40.38	31.90	72.29
2005	42.33	36.03	78.36
2006	45.57	37.26	82.83
2007	64.71	40.48	105.19
2008	77.27	43.93	121.20
2009	65.99	39.13	105.11
2010	96.56	47.50	144.06
2011	133.98	59.94	193.92
2012	149.02	64.39	213.40
2013	195.10	65.25	260.34
2014	221.67	68.48	290.15
2015	204.47	58.91	263.38
2016	234.02	56.41	290.43
2017	256.16	63.56	319.72
2018	285.17	68.59	353.76

8-3 畜产品进口主要国家（地区）

单位：万美元、%

国家（地区）	进口金额	占进口总额的比重	比上年增减
新西兰	582 594.68	20.43	19.49
澳大利亚	514 481.71	18.04	18.56
巴西	277 613.15	9.74	48.89
荷兰	223 364.32	7.83	27.07
美国	196 159.24	6.88	−32.86
德国	145 915.88	5.12	1.88
法国	102 419.26	3.59	−7.98
乌拉圭	100 880.45	3.54	19.81
阿根廷	99 811.22	3.50	75.78
爱尔兰	93 890.34	3.29	10.50
其他国家（地区）	514 526.52	18.04	10.99
合计	2 851 656.77	100.00	11.32

8-4　畜产品出口主要国家（地区）

单位：万美元、%

国家（地区）	出口额	占出口总额的比重	比上年增减
中国香港	222 144.01	32.39	10.37
日本	146 088.71	21.30	6.39
越南	37 756.12	5.50	17.32
德国	36 902.32	5.38	−9.48
美国	33 869.03	4.94	4.91
泰国	20 501.48	2.99	13.49
荷兰	18 476.14	2.69	−0.16
英国	15 910.57	2.32	25.44
中国澳门	14 183.31	2.07	5.84
韩国	11 882.88	1.73	13.49
其他国家（地区）	128 137.37	18.68	7.97
合计	685 851.94	100.00	7.90

8-5 主要畜产品出口量值表

商品编码	商品名称	出口数量（吨）	出口数量比同期（%）	出口金额（万美元）	出口金额比同期（%）
01012100	改良种用马	0.00	−100.00	0.00	−100.00
01012900	其他马，改良种用除外	2.67	−81.16	23.00	288.86
01013090	其他驴，改良种用除外	8.67		7.20	
01022100	改良种用家牛	0.00		0.00	
01022900	其他家牛，改良种用除外	0.00		0.00	
01029010	改良种用其他牛	0.00		0.00	
01029090	其他牛，改良种用除外	11 470.27	−2.70	6 047.88	−2.16
01031000	改良种用猪	59.95	25.27	30.56	8.20
01039120	猪，10 千克≤质量＜50 千克，改良种用除外	563.75	−30.80	260.00	−34.81
01039200	猪，改良种用除外，质量≥50 千克	174 532.74	2.98	42 469.63	−4.81
01041010	改良种用绵羊	0.00		0.00	
01041090	其他绵羊，改良种用除外	0.00		0.00	
01042010	改良种用山羊	0.00		0.00	
01042090	其他山羊，改良种用除外	106.93	4.45	80.92	−7.27
01051110	种鸡，质量≤185 克	0.42	−61.92	0.85	−52.94
01051190	其他鸡，质量≤185 克	107.60	23.27	96.08	38.73
01051290	其他火鸡，改良种用除外，质量≤185 克				
01059490	其他鸡，改良种用除外				
01061110	改良种用灵长目动物	0.00	−100.00	0.00	−100.00
01061190	其他灵长目动物，改良种用除外	76.35	−3.95	4 121.88	23.51
01061310	改良种用骆驼及其他骆驼科动物	0.00		0.00	
01061390	其他骆驼及其他骆驼科动物，改良种用除外	0.00		0.00	
01061410	改良种用家兔及野兔	0.00		0.00	
01061490	其他家兔及野兔，改良种用除外	30.41	19.48	67.71	98.60
01061910	其他改良种用哺乳动物	1.35	194.31	28.63	−28.43
01061990	其他未列名哺乳动物，改良种用除外	39.54	−0.73	322.82	5.32
01063110	改良种用猛禽	0.00		0.00	
01063210	改良种用鹦形目鸟	0.00		0.00	

注：主要畜产品出口量值表的具体内容参见《中华人民共和国海关统计商品目录》，续表同。

8-5　续表1

商品编码	商品名称	出口数量（吨）	出口数量比同期（%）	出口金额（万美元）	出口金额比同期（%）
01063290	其他鹦形目鸟，改良种用除外	0.00		0.00	
01063910	其他改良种用鸟	0.40	53.82	0.80	54.32
01063921	食用乳鸽				
01063929	其他食用鸟				
01063990	未列名鸟	0.02		3.32	
01064190	其他蜂，改良种用除外	0.00	−100.00	0.00	−100.00
01064910	改良种用昆虫	0.00		0.00	
01064990	其他昆虫，改良种用除外	21.52	−27.01	5.76	61.31
01069019	其他改良种用活动物	0.03	−81.13	1.15	−80.45
01069090	其他活动物，改良种用除外	109.81	−11.57	47.34	−0.15
02012000	鲜、冷带骨牛肉	4.40	19.13	4.38	−32.27
02013000	鲜、冷去骨牛肉	0.00		0.00	
02021000	冻整头及半头牛肉	0.00		0.00	
02022000	冻带骨牛肉	5.00	−87.26	3.84	−85.93
02023000	冻去骨牛肉	424.26	−51.73	311.62	−58.78
02031200	鲜、冷带骨猪前腿、猪后腿及其肉块	2 540.60	−13.73	1 107.36	−19.35
02031900	其他鲜、冷猪肉	4 446.81	−7.06	1 792.71	−15.75
02032110	冻整头及半头乳猪肉	760.76	59.84	844.84	47.54
02032190	其他冻整头及半头猪肉	630.39	2 441.90	293.12	2 598.55
02032200	冻带骨猪前腿、猪后腿及其肉块	1.23	−95.86	2.16	−61.23
02032900	其他冻猪肉	33 381.76	−22.42	15 490.30	−28.84
02041000	鲜、冷整头及半头羔羊肉	0.00		0.00	
02042100	鲜、冷整头及半头绵羊肉	0.00		0.00	
02042200	鲜、冷带骨绵羊肉	0.61	−68.53	0.69	−57.93
02042300	鲜、冷去骨绵羊肉	0.39	−88.49	0.27	−61.46
02043000	冻整头及半头羔羊肉	0.00		0.00	
02044100	冻整头及半头绵羊肉	0.14		0.12	
02044200	冻带骨绵羊肉	691.13	−1.47	759.05	21.42
02044300	冻去骨绵羊肉	658.01	−32.94	623.06	−16.74
02045000	山羊肉	1 944.09	−43.98	1 964.93	−38.20
02050000	鲜、冷、冻马、驴、骡肉	75.06	823.50	115.47	687.06

8-5　续表 2

商品编码	商品名称	出口数量（吨）	出口数量比同期（%）	出口金额（万美元）	出口金额比同期（%）
02062100	冻牛舌	0.00		0.00	
02062200	冻牛肝	11.54	−68.50	0.71	−69.16
02062900	其他冻牛杂碎	78.51	20.89	7.54	−16.41
02064100	冻猪肝	25.00	525.00	11.27	528.29
02064900	其他冻猪杂碎	1.00	−98.04	0.10	−98.66
02069000	其他冻杂碎（牛、猪杂碎除外）	4.01	−92.35	7.75	−52.84
02071100	整只鸡，鲜或冷的	66 686.44	2.38	21 987.85	8.37
02071200	整只鸡，冻的	3 500.64	24.91	1 132.83	39.09
02071313	鲜或冷的带骨鸡块	1 512.84	160.03	591.06	218.90
02071329	鲜或冷的其他鸡杂碎	207.28	61.38	71.88	91.93
02071411	冻的带骨鸡块	20 216.75	6.23	3 767.96	19.21
02071419	其他冻鸡块	82 951.17	−20.02	18 080.49	−6.08
02071421	冻的鸡翼（不包括翼尖）	1 305.51	−18.46	686.48	−16.89
02071422	冻鸡爪	82.89		12.16	
02071429	其他冻鸡杂碎	1 028.26	−32.38	139.60	68.39
02072500	整只火鸡，冻的	2.84	120.82	0.44	119.55
02072700	火鸡块及杂碎，冻的	4.04	78.22	1.36	513.55
02074100	鲜或冷的整只鸭	21 163.33	−2.22	4 775.69	2.42
02074200	整只冻鸭	3 653.52	19.32	785.14	22.78
02074400	鲜或冷的鸭块及杂碎	110.00	643.38	24.67	420.46
02074500	冻的鸭块及杂碎	6 894.04	−30.06	941.14	−28.82
02075100	鲜或冷的整只鹅	11 676.26	2.89	4 959.76	11.84
02075200	整只冻鹅	33.19	−18.20	17.08	−10.31
02075300	鲜或冷的鹅肥肝	0.04	−57.89	0.35	−48.36
02075400	鲜或冷的鹅块及杂碎	35.58	11 017.81	6.30	4 369.41
02075500	冻的鹅块及杂碎	3.23	797.22	1.38	687.93
02081020	冻兔肉，不包括兔头	5 964.03	−15.31	2 860.79	−3.08
02089010	鲜、冷、冻乳鸽肉及食用杂碎	4 853.49	15.34	1 963.25	57.47
02089090	其他鲜、冷、冻肉及食用杂碎	42.11	−38.93	39.13	−40.81
02091000	未炼制或用其他方法提取的不带瘦肉的肥猪肉、猪脂肪，鲜、冷、冻、干、熏、盐腌或盐渍	510.00	63.99	47.27	34.04

8-5　续表3

商品编码	商品名称	出口数量（吨）	出口数量比同期（%）	出口金额（万美元）	出口金额比同期（%）
02101110	干、熏、盐腌或盐渍带骨猪腿	28.50	0.00	17.99	−0.32
02101190	干、熏、盐腌或盐渍带骨猪肉块	0.40	−52.29	0.59	−41.16
02101200	干、熏、盐腌或盐渍猪腹肉（五花肉）	64.11	5.08	39.26	14.48
02101900	其他干、熏、盐腌或盐渍猪肉	199.88	2.76	162.22	−18.46
02102000	干、熏、盐腌或盐渍牛肉	0.39	−61.99	0.41	−68.46
02109900	其他干、熏、盐腌或盐渍肉及食用杂碎，包括可供食用的肉或杂碎的细粉、粗粉	295.78	36.88	146.82	34.15
04011000	未浓缩未加糖的乳及奶油，含脂量<1%	23.48	−72.69	3.40	−73.95
04012000	未浓缩 未加糖的乳及奶油，1%＜含脂量≤6%	27 065.10	17.29	2 496.91	21.69
04014000	未浓缩及未加糖或其他甜物质的乳及奶油，含脂量超过6%，但不超过10%	33.64	4 110.26	3.16	2 439.41
04015000	未浓缩及未加糖或其他甜物质的乳及奶油，含脂量超过10%	0.66	12.89	0.05	−78.83
04021000	固态乳及奶油，含脂量≤1.5%	1 375.26	31.34	334.18	43.66
04022100	未加糖的固态乳及奶油，含脂量>1.5%	1 349.64	6.15	398.78	1.64
04022900	其他固态乳及奶油，含脂量>1.5%	411.85	−21.46	251.13	−22.14
04029100	其他浓缩，未加糖的乳及奶油	169.27	−56.94	30.59	−60.06
04029900	其他浓缩的乳及奶油	2 588.14	32.84	437.63	8.97
04031000	酸乳	280.95	703.73	76.89	1 577.85
04039000	酪乳、结块或其他发酵或酸化的乳和奶油	2 569.88	20.86	527.01	43.91
04041000	乳清及改性乳清	236.60	64.74	77.21	206.85
04049000	其他含天然的产品	355.02	769.14	66.68	417.34
04051000	黄油	1 380.22	52.72	522.46	35.17
04052000	乳酱	0.00		0.00	
04059000	其他	759.01	−7.14	325.35	−13.17
04061000	鲜乳酪（未熟化或未固化的）、凝乳	4.06		2.57	
04062000	各种磨碎或粉化的乳酪	36.78	−35.30	39.18	−46.93
04063000	经加工的乳酪（但抹碎或粉化的除外）	85.88	56.27	47.77	62.78
04064000	蓝纹乳酪	0.00		0.00	
04069000	未列名的乳酪	66.28	48.82	34.69	71.47

8-5　续表 4

商品编码	商品名称	出口数量（吨）	出口数量比同期（%）	出口金额（万美元）	出口金额比同期（%）
04071100	孵化用受精鸡蛋	43.64	22.79	62.95	11.97
04072100	鲜鸡蛋	70 379.95	−14.34	10 963.60	−2.84
04072900	其他鲜蛋	683.51	208.05	148.23	240.38
04079010	咸蛋	14 752.23	2.78	3 625.34	13.23
04079020	皮蛋	7 297.29	12.67	1 957.51	21.47
04079090	未列名腌制或煮过的带壳禽蛋	144.93	46.54	45.44	34.20
04081100	干蛋黄	326.65	12.47	321.71	16.64
04081900	其他蛋黄	551.91	−5.68	471.77	18.19
04089100	干去壳禽蛋	137.19	−61.43	96.57	−60.73
04089900	其他去壳禽蛋	5 288.37	−34.69	1 117.37	−24.40
04090000	天然蜂蜜	123 477.58	−4.48	24 926.31	−7.92
04100010	燕窝	0.01	−82.14	0.05	−99.11
04100041	鲜蜂王浆	812.67	7.60	2 264.23	12.67
04100042	鲜蜂王浆粉	283.38	18.26	2 548.99	20.94
04100043	（2006 及后）蜂花粉	2 500.20	−3.21	1 489.13	−7.25
04100049	（2006 及后）其他蜂产品	484.59	46.10	968.09	37.25
04100090	未列名食用动物产品	14 554.05	10.82	2 283.93	20.05
05021010	猪鬃	5 319.03	−16.56	7 477.20	−10.99
05021020	猪毛	206.25	−4.92	34.02	31.85
05029011	制刷用山羊毛	709.31	17.25	9 774.29	2.25
05029019	未列名制刷用兽毛	35.09	−36.89	867.89	−6.70
05040011	盐渍猪肠衣（猪大肠头除外）	80 690.70	−1.78	67 824.37	−0.53
05040012	盐渍绵羊肠衣	20 897.03	−6.52	55 484.43	−3.60
05040013	盐渍山羊肠衣	410.26	−14.16	1 378.36	−11.77
05040019	其他动物肠衣	865.98	−10.76	10 962.47	47.34
05040021	冷、冻的鸡肫（即鸡胃）	0.00		0.00	
05040029	其他动物的胃（鱼除外），整个或切块的	48.02	133.51	22.58	24.01
05040090	其他动物肠、膀胱及胃（鱼除外），整个或切块的	344.61	15.38	92.15	−11.67
05051000	填充用羽毛：羽绒	49 355.03	−7.53	82 608.24	30.95
05059010	羽毛或不完整羽毛的粉末及废料				

8-5　续表5

商品编码	商品名称	出口数量（吨）	出口数量比同期（%）	出口金额（万美元）	出口金额比同期（%）
05059090	其他羽毛：带有羽毛或绒的鸟皮及鸟其他部分	625.04	92.77	581.99	25.92
05061000	经酸处理的骨胶原及其骨	0.00		0.00	
05069090	其他未经加工或经脱脂、简单整理的骨及角柱	0.06	−33.33	0.06	−22.53
05071000	兽牙：兽牙粉末及废料	0.05	−33.33	0.20	−37.76
05079020	鹿茸及其粉末	100.84	27.00	2 376.17	58.31
05079090	龟壳、鲸须、其他兽角、蹄、甲爪及喙	533.42	27.45	193.97	9.13
05100040	斑蝥	0.08		131.54	
05100090	胆汁：配药用腺体及其他动物产品	82.59	−15.17	227.04	24.91
05111000	牛的精液	0.00	−100.00	0.00	−100.00
05119910	动物精液（牛的精液除外）	0.00		1.62	−7.13
05119920	动物胚胎	0.00	−100.00	0.01	−99.93
05119940	马毛及废马毛，不论是否制成有或无衬垫的毛片	882.34	3.51	2 291.23	21.79
05119990	未列名动物产品：不宜食用的第1章的死动物	11 372.27	13.81	5 987.43	26.51
15011000	猪油	1 171.69	2 208.98	188.95	2 195.38
15012000	其他猪脂肪，但品目02.09及15.03的货品除外	0.00		0.00	
15019000	家禽脂肪，但品目02.09及15.04的货品除外	8.64	−61.79	2.15	−60.59
15021000	牛、羊油脂	566.60	−3.97	83.69	−3.01
15029000	其他牛、羊脂肪	690.25	104.82	101.09	95.09
15030000	未经制作的猪油硬脂、液体猪油、油硬脂级其他脂油	0.05		0.02	
15050000	羊毛脂及从羊毛脂制得的脂肪物质	11 481.11	18.07	4 497.05	13.58
15060000	未经化学改性的其他动物油脂及其分离品	330.52	−56.52	110.40	−43.48
16010010	用天然肠衣做外包装的香肠及类似产品	13 625.35	−22.25	6 863.08	−29.47
16010020	其他香肠及类似产品	19 430.96	2.50	6 945.60	−19.12
16010030	用香肠制成的食品	212.29	48.84	135.41	30.45
16021000	均化食品	10.94	255.48	20.32	382.88

8-5　续表 6

商品 编码	商品名称	出口数量 （吨）	出口数量 比同期 （%）	出口金额 （万美元）	出口金额 比同期 （%）
16022000	制作或保藏的动物肝	2 017.17	11.10	1 052.98	15.92
16023100	制作或保藏的火鸡	83.20	409.46	32.92	1 314.56
16023210	鸡罐头	2 112.65	27.26	415.48	9.86
16023291	其他制作或保藏的鸡胸肉	73 154.31	18.10	26 505.73	20.63
16023292	其他制作或保藏的鸡腿肉	133 154.40	9.95	56 443.21	8.92
16023299	其他制作或保藏的鸡肉及食用杂碎	60 766.12	6.34	27 765.73	4.28
16023910	家禽肉及杂碎罐头	296.27	3.81	69.58	-2.83
16023991	未列名制作或保藏的鸭肉及食用杂碎	27 376.17	9.04	11 498.13	10.72
16023999	未列名制作或保藏的家禽肉及食用杂碎	9.87	14.59	14.91	13.09
16024100	制作或保藏的猪后腿及其肉块	1 361.73	18.12	1 124.86	14.30
16024200	制作或保藏的猪前腿及其肉块	430.46	1.43	163.30	0.60
16024910	猪肉及杂碎罐头	50 028.14	16.09	15 028.68	13.77
16024990	其他制作或保藏的猪肉及杂碎	62 203.90	-2.18	30 110.41	-0.97
16025010	牛肉及杂碎罐头	1 703.85	5.75	542.45	-3.31
16025090	其他制作或保藏的牛肉及杂碎	9 853.39	1.37	7 490.87	1.41
16029010	未列名肉及杂碎罐头	20.92	9.22	5.02	-31.97
16029090	未列名制作或保藏的肉，食用杂碎及动物血	2 564.88	-7.87	2 039.18	16.90
19011010	供婴幼儿食用的零售包装配方奶粉，全脱脂可可含量低于 5% 的乳品制	15 403.94	236.73	30 361.31	312.28
19011090	其他供婴幼儿食用的零售包装配方奶粉，全脱脂可可含量低于 40% 的粉、淀粉或麦精制，或全脱脂可可含量低于 5% 的乳品制	710.40	293.32	706.14	203.91
23011011	含牛羊成分的肉骨粉	0.00		0.00	
23011019	其他动物的肉骨粉	3 470.86	77.88	579.35	62.63
23011020	油渣	0.00		0.00	
23011090	其他非食用肉、杂碎的渣粉及团粒	0.00		0.00	
41012011	经逆鞣处理未剖层的整张牛皮，简单干燥的不超过 8 千克，干盐腌的不超过 10 千克，鲜的、湿盐腌的或以其他方法保藏的不超过 16 千克	0.00		0.00	

8-5　续表7

商品编码	商品名称	出口数量（吨）	出口数量比同期（%）	出口金额（万美元）	出口金额比同期（%）
41012019	其他未剖层的整张牛皮，简单干燥的不超过 8 千克，干盐腌的不超过 10 千克，鲜的、湿盐腌的或以其他方法保藏的不超过 16 千克	0.00	−100.00	0.00	−100.00
41012020	未剖层的整张马科动物皮，简单干燥的不超过 8 千克，干盐腌的不超过 10 千克，鲜的、湿盐腌的或以其他方法保藏的不超过 16 千克	47.06		23.20	
41015011	经逆鞣处理的整张牛皮，超过 16 千克				
41015019	其他超过 16 千克的整张牛皮	0.00	−100.00	0.00	−100.00
41015020	质量>16 千克的整张马动物皮	0.00		0.00	
41019011	其他经逆鞣处理的牛皮	8 653.79	13.13	298.21	15.68
41019019	其他牛皮	6 696.38	8.77	870.75	−1.98
41019020	其他生马科动物皮	0.00		0.00	
41021000	带毛的绵羊或羔羊生皮	26.15	23.80	2.88	17.34
41022110	经逆鞣处理的浸酸的不带毛的绵羊或羔羊生皮				
41022190	其他浸酸的不带毛的绵羊或羔羊生皮	739.69	566.79	206.63	838.63
41032000	爬行动物皮	0.00		0.00	
41033000	猪皮	0.00		0.00	
41039019	其他山羊板皮	0.00		0.00	
41039021	经逆鞣处理的山羊或小山羊皮				
41039029	其他山羊或小山羊皮	15.08	1 423.23	12.49	241.58
41039090	其他生皮	0.00	−100.00	0.00	−100.00
43011000	整张水貂皮，不论是否带头、尾或爪	1.67	2 159.46	37.46	2 944.25
43013000	阿斯特拉罕等羔羊的整张毛皮	0.00		0.00	
43016000	整张狐皮，不论是否带头、尾或爪	0.00		0.00	
43018010	整张兔皮	83.38		7.59	
43018090	其他整张毛皮	76.25	−16.80	189.00	−1.88
43019090	其他适合加工皮货用的头、尾、爪等块、片	0.00		0.00	
51011100	未梳含脂剪羊毛	0.07		0.15	

8-5　续表 8

商品编码	商品名称	出口数量（吨）	出口数量比同期（%）	出口金额（万美元）	出口金额比同期（%）
51011900	其他未梳含脂羊毛，未碳化	0.00		0.00	
51012100	未梳脱脂剪羊毛，未碳化	6 167.87	17.73	1 193.37	19.46
51012900	其他未梳脱脂羊毛，未碳化	143.38	60.05	36.56	47.86
51013000	未梳碳化羊毛	2 843.29	1.51	2 539.99	4.78
51021100	未梳克什米尔山羊绒毛				
51021920	未梳山羊绒	0.00	−100.00	0.00	−100.00
51021930	未梳骆驼毛、骆驼绒	0.00	−100.00	0.00	−100.00
51021990	其他未梳动物细毛	2.65	784.67	4.23	4 764.25
51022000	未梳动物粗毛	0.46	−2.32	1.16	−3.50
51031010	羊毛落毛	2 514.31	16.88	1 697.64	18.76
51031090	其他动物细毛的落毛	2.3		12.2	
51032010	羊毛废料				
51032090	其他动物细毛的废料				
05119930	蚕种	13.6	21.5	318.2	2.7
04020000	浓缩、加糖或其他甜物质的乳及奶油	0.0		0.0	
05050000	带有羽毛或羽绒的鸟皮及鸟体其他部分	0.0		0.0	

九、2017 年世界畜产品进出口情况

9 - 1　肉类进口及排名

位次	国家（地区）	进口数量（吨）	位次	国家（地区）	进口金额（1 000 美元）
	世界	45 301 434		世界	130 648 687
1	日本	3 442 302	1	日本	12 333 138
2	**中国**	**2 889 703**	2	美国	8 767 217
3	德国	2 592 510	3	德国	8 408 894
4	英国	2 500 982	4	英国	8 096 044
5	美国	2 143 334	**5**	**中国**	**7 265 954**
6	墨西哥	2 070 396	6	荷兰	5 738 189
7	中国香港	2 054 107	7	法国	5 387 024
8	荷兰	1 705 888	8	中国香港	5 359 237
9	意大利	1 655 015	9	意大利	5 248 442
10	法国	1 468 886	10	韩国	4 340 305
11	韩国	1 243 657	11	墨西哥	3 744 652
12	俄罗斯	1 063 608	12	越南	2 819 099
13	沙特阿拉伯	893 805	13	加拿大	2 812 288
14	波兰	868 295	14	俄罗斯	2 633 395
15	越南	848 533	15	比利时	2 214 486
16	比利时	698 728	16	沙特阿拉伯	2 099 710
17	加拿大	679 002	17	波兰	2 002 199
18	阿拉伯联合酋长国	642 503	18	西班牙	1 901 811
19	西班牙	576 381	19	阿拉伯联合酋长国	1 708 075
20	伊拉克	574 400	20	智利	1 462 218

9-2 肉类出口及排名

位次	国家（地区）	出口数量 （吨）	位次	国家（地区）	出口金额 （1 000 美元）
	世界	48 304 329		世界	134 067 750
1	美国	7 298 841	1	美国	16 502 301
2	巴西	6 914 009	2	巴西	14 641 908
3	德国	3 466 633	3	德国	10 140 347
4	荷兰	3 398 555	4	荷兰	9 921 726
5	波兰	2 352 692	5	澳大利亚	8 508 147
6	西班牙	2 321 051	6	西班牙	6 561 963
7	澳大利亚	1 894 574	7	波兰	5 998 843
8	加拿大	1 810 173	8	加拿大	4 905 960
9	比利时	1 711 546	9	新西兰	4 708 120
10	丹麦	1 567 243	10	比利时	4 359 367
11	印度	1 342 165	11	印度	4 133 762
12	法国	1 307 041	12	爱尔兰	4 025 227
13	泰国	1 139 206	13	丹麦	4 017 108
14	爱尔兰	1 101 691	14	法国	3 890 080
15	新西兰	975 069	15	泰国	3 359 187
16	英国	878 148	16	意大利	3 190 648
17	**中国**	**877 304**	**17**	**中国**	**2 784 121**
18	中国香港	846 097	18	英国	2 075 794
19	意大利	677 407	19	阿根廷	1 759 477
20	阿根廷	543 405	20	墨西哥	1 741 963

9-3　猪肉进口及排名

位次	国家（地区）	进口数量 （吨）	位次	国家（地区）	进口金额 （1 000 美元）
	世界	11 393 239		世界	29 800 619
1	**中国**	**1 216 756**	1	日本	4 378 480
2	意大利	965 820	**2**	**中国**	**2 220 679**
3	日本	932 060	3	意大利	2 190 345
4	德国	915 637	4	德国	1 849 096
5	墨西哥	803 476	5	波兰	1 680 231
6	波兰	717 123	6	韩国	1 527 639
7	韩国	489 633	7	美国	1 428 339
8	英国	432 644	8	墨西哥	1 405 236
9	美国	430 897	9	英国	1 136 667
10	中国香港	359 371	10	中国香港	985 977
11	法国	291 086	11	法国	880 437
12	俄罗斯	281 200	12	俄罗斯	813 277
13	荷兰	279 017	13	荷兰	703 553
14	捷克	263 371	14	捷克	670 434
15	罗马尼亚	232 704	15	罗马尼亚	537 478
16	希腊	202 170	16	希腊	535 564
17	澳大利亚	156 850	17	澳大利亚	491 806
18	奥地利	140 584	18	加拿大	444 824
19	匈牙利	140 490	19	奥地利	355 613
20	斯洛伐克	130 698	20	匈牙利	331 533

9－4　猪肉出口及排名

位次	国家（地区）	出口数量（吨）	位次	国家（地区）	出口金额（1 000 美元）
	世界	11 770 674		世界	30 107 107
1	德国	1 838 072	1	德国	4 814 457
2	美国	1 731 080	2	美国	4 577 218
3	西班牙	1 516 453	3	西班牙	3 969 375
4	丹麦	1 092 917	4	丹麦	2 742 991
5	加拿大	959 753	5	加拿大	2 523 920
6	荷兰	903 767	6	荷兰	2 153 786
7	比利时	669 551	7	巴西	1 465 031
8	巴西	592 614	8	比利时	1 437 851
9	波兰	484 431	9	波兰	1 105 020
10	法国	422 385	10	法国	926 363
11	英国	213 921	11	墨西哥	527 594
12	爱尔兰	192 215	12	爱尔兰	503 918
13	奥地利	154 568	13	奥地利	431 346
14	匈牙利	138 646	14	中国香港	427 177
15	中国香港	136 402	15	匈牙利	393 362
16	智利	127 452	16	智利	383 654
17	墨西哥	124 627	17	英国	375 810
18	意大利	93 935	**18**	**中国**	**258 573**
19	**中国**	**51 289**	19	意大利	234 732
20	捷克	32 894	20	澳大利亚	96 552

9－5　牛肉进口及排名

位次	国家（地区）	进口数量 （吨）	位次	国家（地区）	进口金额 （1 000 美元）
	世界	9 030 457		世界	44 650 800
1	美国	972 433	1	美国	5 022 262
2	越南	761 623	2	日本	3 118 800
3	**中国**	**695 065**	**3**	**中国**	**3 065 128**
4	日本	572 940	4	越南	2 680 169
5	荷兰	402 314	5	韩国	2 263 236
6	中国香港	387 444	6	德国	2 252 685
7	意大利	380 450	7	意大利	2 170 216
8	韩国	379 064	8	荷兰	2 158 396
9	德国	368 365	9	中国香港	1 986 720
10	俄罗斯	358 694	10	法国	1 347 870
11	英国	251 566	11	英国	1 272 160
12	法国	245 394	12	俄罗斯	1 234 947
13	埃及	220 783	13	埃及	1 035 270
14	智利	178 856	14	智利	1 014 727
15	马来西亚	148 928	15	中国台湾	857 227
16	印度尼西亚	144 764	16	加拿大	836 389
17	墨西哥	137 143	17	墨西哥	789 129
18	加拿大	136 546	18	西班牙	774 301
19	伊朗	133 880	19	伊朗	572 563
20	菲律宾	128 233	20	以色列	547 614

9－6　牛肉出口及排名

位次	国家（地区）	出口数量 （吨）	位次	国家（地区）	出口金额 （1 000 美元）
	世界	9 351 071		世界	45 399 462
1	印度	1 313 262	1	美国	6 199 643
2	巴西	1 206 368	2	澳大利亚	5 717 280
3	澳大利亚	1 050 967	3	巴西	5 069 890
4	美国	918 222	4	印度	3 991 275
5	荷兰	471 865	5	荷兰	3 134 656
6	新西兰	409 238	6	爱尔兰	2 195 498
7	波兰	406 588	7	新西兰	2 034 713
8	爱尔兰	371 278	8	加拿大	1 632 268
9	加拿大	325 105	9	波兰	1 591 623
10	乌拉圭	304 743	10	乌拉圭	1 503 496
11	德国	286 621	11	德国	1 446 659
12	巴拉圭	268 927	12	阿根廷	1 296 219
13	阿根廷	208 577	13	巴拉圭	1 145 185
14	法国	206 375	14	墨西哥	1 130 619
15	墨西哥	199 084	15	法国	1 047 284
16	西班牙	175 191	16	比利时	845 801
17	比利时	163 108	17	西班牙	738 418
18	白俄罗斯	141 445	18	意大利	624 795
19	意大利	130 238	19	英国	515 947
20	尼加拉瓜	110 853	20	尼加拉瓜	507 573
66	中国	**922**	**53**	中国	**7 897**

9－7　绵羊肉进口及排名

位次	国家（地区）	进口数量 （吨）	位次	国家（地区）	进口金额 （1 000 美元）
	世界	1 111 847		世界	6 650 531
1	**中国**	**248 973**	**1**	**中国**	**878 351**
2	美国	101 126	2	美国	830 864
3	法国	88 651	3	法国	534 921
4	英国	75 286	4	英国	457 001
5	阿拉伯联合酋长国	45 650	5	德国	410 673
6	德国	42 716	6	荷兰	356 263
7	马来西亚	38 344	7	阿拉伯联合酋长国	296 123
8	荷兰	37 869	8	比利时	209 878
9	沙特阿拉伯	37 018	9	沙特阿拉伯	207 767
10	约旦	24 528	10	马来西亚	181 818
11	意大利	23 388	11	日本	165 473
12	比利时	22 738	12	加拿大	165 126
13	加拿大	22 526	13	约旦	144 786
14	日本	21 735	14	意大利	139 765
15	伊朗	19 170	15	伊朗	128 598
16	卡塔尔	19 121	16	卡塔尔	120 079
17	韩国	15 028	17	瑞士	115 792
18	中国台湾	14 552	18	韩国	108 672
19	巴布亚新几内亚	14 214	19	科威特	85 986
20	新加坡	13 955	20	瑞典	80 335

9-8　绵羊肉出口及排名

位次	国家（地区）	出口数量 （吨）	位次	国家（地区）	出口金额 （1 000 美元）
	世界	1 176 460		世界	6 802 033
1	澳大利亚	426 587	1	澳大利亚	2 333 060
2	新西兰	394 494	2	新西兰	2 311 334
3	英国	89 221	3	英国	492 731
4	爱尔兰	55 546	4	爱尔兰	336 798
5	荷兰	36 811	5	荷兰	334 892
6	西班牙	35 242	6	西班牙	166 321
7	印度	22 889	7	印度	134 926
8	比利时	13 769	8	比利时	127 655
9	乌拉圭	11 307	9	德国	69 709
10	阿拉伯联合酋长国	9 130	10	乌拉圭	60 937
11	法国	8 738	11	法国	55 279
12	罗马尼亚	8 023	12	罗马尼亚	38 141
13	德国	6 711	13	阿拉伯联合酋长国	32 642
14	智利	5 385	14	智利	30 560
15	希腊	4 565	15	希腊	29 180
16	格鲁吉亚	4 459	16	格鲁吉亚	23 758
17	意大利	3 626	17	意大利	22 847
18	纳米比亚	3 520	18	美国	19 281
19	美国	3 430	19	冰岛	16 641
20	冰岛	3 305	20	亚美尼亚	15 972
26	中国	**1 688**	**21**	中国	**13 758**

9-9　山羊肉进口及排名

位次	国家（地区）	进口数量 （吨）	位次	国家（地区）	进口金额 （1 000 美元）
	世界	51 871		世界	324 614
1	美国	20 952	1	美国	147 471
2	阿拉伯联合酋长国	5 194	2	阿拉伯联合酋长国	27 777
3	中国台湾	3 582	3	中国香港	16 687
4	阿曼	3 449	4	阿曼	16 468
5	加拿大	2 865	5	中国台湾	15 925
6	中国香港	2 029	6	加拿大	14 335
7	韩国	1 752	7	韩国	12 501
8	葡萄牙	1 545	8	特立尼达和多巴哥	11 084
9	特立尼达和多巴哥	1 468	9	葡萄牙	9 426
10	意大利	1 106	10	意大利	8 660
11	法国	1 080	11	法国	5 752
12	巴基斯坦	965	12	巴基斯坦	5 467
13	沙特阿拉伯	679	13	沙特阿拉伯	4 815
14	斯里兰卡	545	14	日本	3 222
15	日本	457	15	瑞士	2 633
16	马来西亚	285	16	西班牙	2 149
17	英国	238	17	斯里兰卡	1 547
18	瑞士	237	18	马来西亚	1 395
19	西班牙	218	19	德国	1 390
20	索马里	208	20	中国澳门	1 295
65	中国	**3**	**80**	中国	**5**

9-10　山羊肉出口及排名

位次	国家（地区）	出口数量 （吨）	位次	国家（地区）	出口金额 （1 000 美元）
	世界	49 936		世界	323 031
1	澳大利亚	28 156	1	澳大利亚	197 228
2	肯尼亚	5 393	2	**中国**	**31 794**
3	**中国**	**3 470**	3	肯尼亚	29 011
4	法国	2 618	4	法国	19 280
5	西班牙	2 386	5	西班牙	10 583
6	坦桑尼亚	1 416	6	新西兰	6 029
7	新西兰	890	7	巴基斯坦	5 587
8	巴基斯坦	790	8	希腊	5 390
9	希腊	783	9	索马里	2 903
10	索马里	773	10	坦桑尼亚	2 878
11	阿拉伯联合酋长国	654	11	荷兰	2 784
12	荷兰	585	12	阿拉伯联合酋长国	1 456
13	美国	419	13	意大利	1 141
14	意大利	250	14	美国	1 095
15	爱尔兰	199	15	英国	972
16	罗马尼亚	199	16	墨西哥	897
17	英国	187	17	爱尔兰	651
18	阿根廷	172	18	德国	538
19	沙特阿拉伯	82	19	罗马尼亚	499
20	墨西哥	77	20	阿根廷	477

9-11　鸡肉进口及排名

位次	国家（地区）	进口数量（吨）	位次	国家（地区）	进口金额（1 000 美元）
	世界	12 229 205		世界	20 659 300
1	墨西哥	788 452	1	日本	1 345 726
2	中国香港	736 108	2	沙特阿拉伯	1 312 827
3	沙特阿拉伯	707 093	3	中国香港	1 296 629
4	日本	569 477	4	英国	1 178 523
5	南非	480 346	5	德国	1 101 592
6	德国	474 951	**6**	**中国**	**1 027 766**
7	伊拉克	465 572	7	法国	950 370
8	**中国**	**450 411**	8	墨西哥	817 412
9	阿拉伯联合酋长国	417 158	9	荷兰	779 647
10	法国	374 076	10	阿拉伯联合酋长国	741 307
11	英国	366 960	11	伊拉克	732 306
12	荷兰	358 733	12	南非	410 502
13	古巴	307 421	13	俄罗斯	343 681
14	安哥拉	265 888	14	加拿大	338 542
15	菲律宾	246 016	15	比利时	329 934
16	俄罗斯	218 669	16	安哥拉	298 200
17	比利时	212 149	17	古巴	291 805
18	哈萨克斯坦	168 861	18	科威特	271 768
19	中国台湾	157 499	19	爱尔兰	258 792
20	加纳	147 538	20	西班牙	254 612

9 - 12   鸡肉出口及排名

位次	国家（地区）	出口数量 （吨）	位次	国家（地区）	出口金额 （1 000 美元）
	世界	13 913 151		世界	21 496 639
1	巴西	3 944 215	1	巴西	6 427 893
2	美国	3 191 436	2	美国	3 199 249
3	荷兰	1 181 641	3	荷兰	2 264 596
4	波兰	725 320	4	波兰	1 319 580
5	比利时	542 999	5	比利时	880 087
6	中国香港	490 253	6	中国香港	833 068
7	土耳其	405 030	7	德国	629 582
8	德国	300 561	8	泰国	592 285
9	法国	300 124	9	法国	535 617
10	英国	279 153	10	土耳其	515 421
11	乌克兰	270 979	**11**	**中国**	**446 095**
12	泰国	224 061	12	乌克兰	387 464
13	阿根廷	204 099	13	阿根廷	285 244
14	**中国**	**194 390**	14	英国	270 019
15	白俄罗斯	148 968	15	西班牙	240 717
16	西班牙	145 789	16	智利	233 704
17	俄罗斯	103 856	17	白俄罗斯	220 350
18	加拿大	103 470	18	意大利	190 254
19	意大利	91 435	19	加拿大	162 553
20	匈牙利	87 599	20	匈牙利	156 449

9-13　火鸡肉进口及排名

位次	国家（地区）	进口数量（吨）	位次	国家（地区）	进口金额（1 000 美元）
	世界	969 315		世界	2 287 841
1	墨西哥	161 831	1	德国	337 633
2	德国	117 757	2	墨西哥	290 864
3	比利时	61 452	3	英国	155 303
4	贝宁	43 606	4	奥地利	139 655
5	英国	41 092	5	西班牙	103 244
6	西班牙	37 275	6	法国	101 278
7	南非	32 227	7	比利时	93 474
8	奥地利	31 533	8	葡萄牙	80 143
9	法国	28 603	9	荷兰	74 832
10	葡萄牙	25 358	10	贝宁	59 848
11	荷兰	22 339	11	捷克	53 797
12	罗马尼亚	18 556	12	瑞士	46 458
13	智利	18 542	13	爱尔兰	44 766
14	捷克	14 647	14	罗马尼亚	44 711
15	加蓬	14 044	15	意大利	42 557
16	刚果（金）	13 709	16	希腊	39 208
17	波兰	11 484	17	南非	37 830
18	希腊	11 380	18	智利	36 349
19	乌克兰	11 372	19	美国	28 961
20	意大利	11 209	20	丹麦	24 137
64	中国	1 535	60	中国	3 934

9－14 火鸡肉出口及排名

位次	国家（地区）	出口数量 （吨）	位次	国家（地区）	出口金额 （1 000 美元）
	世界	960 634		世界	2 241 930
1	美国	231 403	1	波兰	431 103
2	波兰	140 663	2	美国	417 387
3	德国	109 203	3	德国	324 211
4	法国	77 629	4	意大利	174 578
5	巴西	72 373	5	法国	160 732
6	意大利	65 297	6	巴西	140 725
7	西班牙	50 584	7	匈牙利	113 050
8	匈牙利	33 769	8	西班牙	97 976
9	英国	26 988	9	奥地利	54 713
10	比利时	25 063	10	英国	45 948
11	加拿大	22 848	11	荷兰	45 656
12	荷兰	21 559	12	智利	40 479
13	智利	13 183	13	比利时	32 360
14	奥地利	11 825	14	爱尔兰	29 234
15	爱尔兰	10 773	15	加拿大	27 223
16	土耳其	7 215	16	土耳其	10 706
17	葡萄牙	4 121	17	丹麦	9 211
18	哈萨克斯坦	2 965	18	罗马尼亚	7 745
19	斯洛文尼亚	2 305	19	斯洛文尼亚	7 032
20	阿拉伯联合酋长国	2 195	20	克罗地亚	6 438
67	中国	4	69	中国	4

9 - 15　鸭肉进口及排名

位次	国家（地区）	进口数量（吨）	位次	国家（地区）	进口金额（1 000 美元）
	世界	184 052		世界	682 331
1	德国	38 300	1	德国	153 846
2	中国香港	31 636	2	法国	72 264
3	法国	14 779	3	中国香港	58 830
4	西班牙	10 456	4	比利时	41 221
5	英国	10 253	5	日本	39 710
6	捷克	6 947	6	英国	37 911
7	丹麦	6 748	7	西班牙	30 569
8	比利时	6 518	8	丹麦	29 578
9	塔吉克斯坦	5 917	9	捷克	22 945
10	日本	4 828	10	奥地利	16 819
11	奥地利	3 258	11	荷兰	16 028
12	美国	2 936	12	瑞士	15 983
13	中国澳门	2 854	13	加拿大	9 519
14	哈萨克斯坦	2 694	14	中国澳门	8 992
15	荷兰	2 614	15	塔吉克斯坦	8 498
16	加拿大	2 225	16	意大利	7 910
17	新加坡	2 038	17	美国	7 873
18	瑞士	1 924	18	新加坡	7 780
19	意大利	1 850	19	瑞典	7 044
20	匈牙利	1 684	20	罗马尼亚	6 052
123	中国	3	147	中国	4

9 - 16　鸭肉出口及排名

位次	国家（地区）	出口数量（吨）	位次	国家（地区）	出口金额（1 000 美元）
	世界	350 937		世界	1 007 129
1	中国香港	166 949	1	中国香港	307 324
2	**中国**	**34 576**	2	法国	195 065
3	法国	31 723	3	匈牙利	107 901
4	匈牙利	28 749	4	保加利亚	79 962
5	荷兰	22 900	**5**	**中国**	**66 293**
6	德国	12 609	6	荷兰	63 141
7	保加利亚	9 768	7	德国	37 809
8	波兰	7 432	8	比利时	23 932
9	英国	5 935	9	波兰	19 844
10	美国	5 684	10	美国	16 736
11	泰国	4 235	11	泰国	16 256
12	比利时	3 450	12	英国	14 113
13	巴西	3 433	13	加拿大	13 077
14	捷克	2 563	14	捷克	9 161
15	葡萄牙	2 115	15	巴西	8 962
16	加拿大	2 111	16	葡萄牙	5 223
17	中国台湾	1 267	17	丹麦	4 904
18	丹麦	969	18	西班牙	3 493
19	俄罗斯	733	19	奥地利	2 337
20	新加坡	580	20	立陶宛	1 632

9－17　鹅肉和珍珠鸡肉进口及排名

位次	国家（地区）	进口数量（吨）	位次	国家（地区）	进口金额（1 000 美元）
	世界	46 352		世界	217 863
1	德国	21 654	1	德国	123 941
2	中国香港	13 929	2	中国香港	40 380
3	法国	2 772	3	法国	13 415
4	奥地利	1 716	4	奥地利	8 299
5	捷克	1 267	5	捷克	5 730
6	中国澳门	613	6	中国澳门	3 686
7	智利	375	7	比利时	2 447
8	斯洛伐克	363	8	英国	1 720
9	英国	324	9	智利	1 643
10	波兰	293	10	意大利	1 542
11	比利时	280	11	斯洛伐克	1 529
12	意大利	257	12	匈牙利	1 480
13	罗马尼亚	254	13	埃塞俄比亚	1 315
14	匈牙利	219	14	波兰	858
15	埃塞俄比亚	190	15	罗马尼亚	858
16	阿曼	172	16	荷兰	818
17	荷兰	169	17	莱索托	710
18	瑞典	96	18	阿曼	708
19	莱索托	92	19	瑞典	536
20	西班牙	83	20	瑞士	445

9－18 鹅肉和珍珠鸡肉出口及排名

位次	国家（地区）	出口数量 （吨）	位次	国家（地区）	出口金额 （1 000 美元）
	世界	50 009		世界	261 481
1	波兰	19 366	1	波兰	100 522
2	匈牙利	14 442	2	匈牙利	91 932
3	**中国**	**11 390**	**3**	**中国**	**44 542**
4	德国	1 449	4	德国	7 282
5	斯洛伐克	1 113	5	斯洛伐克	4 553
6	奥地利	418	6	法国	2 255
7	南非	307	7	奥地利	2 136
8	法国	248	8	南非	1 875
9	乌克兰	210	9	乌克兰	1 600
10	阿拉伯联合酋长国	139	10	比利时	1 160
11	中国香港	124	11	中国香港	862
12	比利时	120	12	英国	547
13	英国	117	13	阿拉伯联合酋长国	487
14	中国台湾	75	14	丹麦	364
15	丹麦	70	15	罗马尼亚	257
16	科威特	67	16	斯洛文尼亚	224
17	美国	64	17	美国	166
18	斯洛文尼亚	58	18	科威特	149
19	阿尔及利亚	54	19	意大利	93
20	意大利	52	20	捷克	92

9-19　兔肉进口及排名

位次	国家（地区）	进口数量（吨）	位次	国家（地区）	进口金额（1 000 美元）
	世界	28 380		世界	129 434
1	德国	5 414	1	德国	29 240
2	比利时	4 441	2	比利时	21 148
3	葡萄牙	2 635	3	意大利	9 398
4	意大利	2 412	4	葡萄牙	9 213
5	法国	2 158	5	瑞士	8 648
6	俄罗斯	1 624	6	法国	7 632
7	捷克	1 238	7	俄罗斯	6 351
8	瑞士	1 126	8	捷克	5 690
9	美国	1 110	9	美国	4 819
10	荷兰	826	10	荷兰	3 853
11	西班牙	803	11	波兰	3 570
12	波兰	767	12	西班牙	2 634
13	希腊	534	13	斯洛伐克	2 247
14	斯洛伐克	472	14	卢森堡	1 876
15	马耳他	370	15	立陶宛	1 829
16	保加利亚	304	16	希腊	1 562
17	立陶宛	284	17	马耳他	1 516
18	罗马尼亚	280	18	罗马尼亚	1 325
19	卢森堡	258	19	保加利亚	1 115
20	奥地利	225	20	英国	1 027

9－20　兔肉出口及排名

位次	国家（地区）	出口数量 （吨）	位次	国家（地区）	出口金额 （1 000 美元）
	世界	35 172		世界	154 791
1	**中国**	**7 042**	**1**	**中国**	**29 516**
2	西班牙	6 753	2	法国	27 381
3	法国	6 642	3	匈牙利	26 453
4	匈牙利	4 649	4	西班牙	24 430
5	比利时	4 343	5	比利时	22 651
6	意大利	2 080	6	阿根廷	6 144
7	阿根廷	752	7	意大利	5 386
8	波兰	560	8	荷兰	2 315
9	捷克	464	9	波兰	2 189
10	荷兰	449	10	捷克	1 739
11	德国	320	11	德国	1 725
12	葡萄牙	207	12	立陶宛	1 345
13	立陶宛	198	13	乌拉圭	915
14	加纳	114	14	葡萄牙	834
15	乌拉圭	106	15	智利	318
16	俄罗斯	102	16	俄罗斯	313
17	美国	65	17	加纳	133
18	阿拉伯联合酋长国	53	18	美国	126
19	埃及	47	19	奥地利	122
20	斯洛文尼亚	47	20	澳大利亚	98

9－21 带壳鸡蛋进口及排名

位次	国家（地区）	进口数量（吨）	位次	国家（地区）	进口金额（1 000 美元）
	世界	2 137 229		世界	3 587 048
1	德国	412 712	1	德国	664 626
2	伊拉克	326 921	2	伊拉克	425 307
3	荷兰	223 306	3	荷兰	337 655
4	中国香港	156 240	4	俄罗斯	174 196
5	新加坡	96 027	5	中国香港	173 724
6	比利时	77 464	6	墨西哥	168 719
7	俄罗斯	77 071	7	比利时	147 276
8	法国	67 951	8	新加坡	109 326
9	墨西哥	56 950	9	法国	106 323
10	阿富汗	51 459	10	加拿大	82 730
11	加拿大	38 688	11	阿拉伯联合酋长国	71 561
12	阿拉伯联合酋长国	37 279	12	意大利	58 317
13	意大利	36 619	13	瑞士	54 876
14	瑞士	28 622	14	阿曼	53 763
15	美国	27 605	15	阿富汗	44 236
16	阿曼	23 807	16	英国	38 139
17	奥地利	23 179	17	捷克	37 943
18	马尔代夫	22 040	18	奥地利	36 252
19	捷克	21 182	19	匈牙利	34 651
20	英国	20 081	20	卡塔尔	29 111
			175	中国	15

9－22　带壳鸡蛋出口及排名

位次	国家（地区）	出口数量 （吨）	位次	国家（地区）	出口金额 （1 000 美元）
	世界	2 179 205		世界	3 532 450
1	荷兰	405 895	1	荷兰	687 766
2	土耳其	348 208	2	美国	392 436
3	波兰	264 576	3	土耳其	375 790
4	德国	148 919	4	波兰	369 019
5	美国	139 225	5	德国	292 098
6	马来西亚	116 200	6	比利时	164 303
7	西班牙	97 403	7	西班牙	150 050
8	乌克兰	88 607	**8**	**中国**	**113 408**
9	**中国**	**82 197**	9	马来西亚	109 881
10	比利时	78 835	10	法国	85 967
11	白俄罗斯	41 855	11	英国	84 737
12	法国	34 772	12	乌克兰	68 659
13	印度	26 869	13	巴西	53 408
14	俄罗斯	26 805	14	捷克	41 707
15	拉脱维亚	20 611	15	印度	39 604
16	葡萄牙	17 449	16	葡萄牙	34 063
17	巴西	15 753	17	保加利亚	32 759
18	哈萨克斯坦	15 524	18	白俄罗斯	31 964
19	英国	15 353	19	匈牙利	30 031
20	捷克	15 112	20	拉脱维亚	28 098

9-23 全脂奶粉进口及排名

位次	国家（地区）	进口数量 （吨）	位次	国家（地区）	进口金额 （1 000 美元）
	世界	2 692 278		世界	10 115 669
1	**中国**	**470 798**	1	中国	**1 567 700**
2	阿尔及利亚	261 989	2	中国香港	1 205 589
3	阿拉伯联合酋长国	136 827	3	阿尔及利亚	846 533
4	中国香港	87 087	4	阿拉伯联合酋长国	523 458
5	斯里兰卡	84 549	5	中国澳门	310 169
6	巴西	72 819	6	斯里兰卡	274 383
7	孟加拉国	71 070	7	孟加拉国	252 550
8	尼日利亚	69 278	8	巴西	247 209
9	新加坡	68 804	9	尼日利亚	241 901
10	阿曼	66 681	10	沙特阿拉伯	239 381
11	沙特阿拉伯	64 842	11	阿曼	208 641
12	委内瑞拉	63 248	12	新加坡	197 797
13	古巴	57 032	13	古巴	173 515
14	印度尼西亚	52 061	14	马来西亚	167 178
15	泰国	50 389	15	泰国	155 401
16	俄罗斯	48 689	16	俄罗斯	152 881
17	马来西亚	48 572	17	越南	151 569
18	荷兰	47 153	18	荷兰	145 195
19	越南	41 626	19	印度尼西亚	134 850
20	比利时	39 356	20	比利时	134 844

9－24　全脂奶粉出口及排名

位次	国家（地区）	出口数量 （吨）	位次	国家（地区）	出口金额 （1 000 美元）
	世界	2 694 109		世界	9 381 653
1	新西兰	1 340 267	1	新西兰	4 232 343
2	荷兰	198 418	2	荷兰	798 904
3	乌拉圭	107 925	3	中国香港	731 710
4	法国	81 144	4	乌拉圭	343 943
5	墨西哥	76 513	5	法国	295 481
6	爱尔兰	70 959	6	德国	250 097
7	阿根廷	70 842	7	澳大利亚	246 680
8	德国	68 520	8	阿曼	242 849
9	比利时	67 455	9	阿根廷	231 059
10	英国	58 669	10	爱尔兰	216 079
11	阿曼	57 006	11	比利时	207 975
12	澳大利亚	54 746	12	丹麦	202 645
13	丹麦	52 469	13	英国	145 543
14	新加坡	51 947	14	新加坡	136 869
15	阿拉伯联合酋长国	44 820	15	阿拉伯联合酋长国	129 207
16	中国香港	36 724	16	马来西亚	111 359
17	马来西亚	36 555	17	墨西哥	92 300
18	白俄罗斯	29 214	18	白俄罗斯	92 121
19	美国	27 397	19	瑞典	73 384
20	瑞典	22 000	20	美国	72 583
38	**中国**	**1 796**	**40**	**中国**	**7 149**

9 – 25　动物毛（细）进口及排名

位次	国家（地区）	进口数量 （吨）	位次	国家（地区）	进口金额 （1 000 美元）
	世界	13 670		世界	202 202
1	**中国**	**9 795**	1	**中国**	**136 316**
2	南非	1 151	2	意大利	21 365
3	意大利	667	3	南非	10 238
4	比利时	369	4	德国	5 229
5	英国	343	5	印度	4 693
6	德国	298	6	韩国	4 177
7	玻利维亚	208	7	美国	2 860
8	日本	126	8	英国	2 737
9	韩国	126	9	日本	2 441
10	印度	76	10	玻利维亚	1 793
11	美国	70	11	保加利亚	1 684
12	奥地利	69	12	比利时	1 615
13	越南	50	13	越南	1 580
14	蒙古	49	14	奥地利	1 532
15	中国台湾	39	15	土耳其	977
16	加拿大	35	16	菲律宾	509
17	葡萄牙	27	17	葡萄牙	412
18	土耳其	22	18	新西兰	272
19	保加利亚	16	19	法国	247
20	新西兰	15	20	蒙古	173

9－26　动物毛（细）出口及排名

位次	国家（地区）	出口数量（吨）	位次	国家（地区）	出口金额（1 000 美元）
	世界	12 514		世界	259 711
1	蒙古	8 281	1	蒙古	227 223
2	比利时	1 248	2	阿富汗	6 695
3	阿富汗	1 094	3	比利时	5 364
4	莱索托	683	4	莱索托	4 125
5	南非	250	5	南非	3 323
6	澳大利亚	133	6	葡萄牙	2 557
7	德国	123	7	德国	2 344
8	英国	119	8	英国	1 679
9	阿曼	100	9	澳大利亚	1 452
10	乌兹别克斯坦	82	10	玻利维亚	1 117
11	美国	70	11	阿根廷	1 012
12	伊朗	60	12	新西兰	873
13	巴基斯坦	43	13	意大利	863
14	阿根廷	39	14	美国	292
15	葡萄牙	38	15	西班牙	115
16	玻利维亚	35	16	乌兹别克斯坦	91
17	新西兰	34	17	加拿大	66
18	意大利	24	**18**	**中国**	**60**
19	加拿大	21	19	保加利亚	58
20	吉尔吉斯斯坦	13	20	吉尔吉斯斯坦	48
21	**中国**	**6**			

9－27　原毛进口及排名

位次	国家（地区）	进口数量 （吨）	位次	国家（地区）	进口金额 （1 000 美元）
	世界	462 901		世界	3 415 247
1	**中国**	**263 535**	**1**	**中国**	**2 536 719**
2	印度	34 964	2	捷克	198 362
3	捷克	33 673	3	印度	194 860
4	土耳其	25 223	4	意大利	190 252
5	意大利	17 444	5	德国	56 288
6	英国	13 633	6	乌拉圭	46 757
7	乌拉圭	13 628	7	保加利亚	30 768
8	比利时	8 940	8	埃及	26 946
9	德国	8 910	9	马来西亚	22 689
10	埃及	7 793	10	土耳其	19 937
11	保加利亚	6 223	11	英国	17 906
12	白俄罗斯	5 051	12	中国台湾	12 977
13	马来西亚	4 146	13	比利时	10 773
14	葡萄牙	2 286	14	白俄罗斯	8 412
15	西班牙	1 988	15	毛里求斯	6 226
16	尼泊尔	1 797	16	尼泊尔	6 047
17	中国台湾	1 782	17	美国	4 233
18	波兰	1 117	18	西班牙	3 820
19	美国	1 109	19	南非	3 581
20	爱尔兰	1 091	20	菲律宾	2 414

9-28　原毛出口及排名

位次	国家（地区）	出口数量（吨）	位次	国家（地区）	出口金额（1 000 美元）
	世界	602 760		世界	3 555 699
1	澳大利亚	329 818	1	澳大利亚	2 619 317
2	南非	48 785	2	南非	342 044
3	新西兰	36 281	3	新西兰	161 602
4	罗马尼亚	16 587	4	阿根廷	58 022
5	西班牙	15 072	5	德国	55 485
6	英国	12 271	6	西班牙	40 913
7	阿根廷	11 036	7	乌拉圭	39 168
8	德国	10 808	8	巴西	23 785
9	秘鲁	8 097	9	秘鲁	22 617
10	意大利	7 960	10	英国	22 125
11	法国	7 373	11	美国	19 175
12	乌拉圭	7 344	12	莱索托	16 809
13	巴西	6 380	13	智利	12 100
14	美国	6 294	14	罗马尼亚	10 865
15	哈萨克斯坦	6 110	15	比利时	10 239
16	比利时	5 650	16	法国	10 230
17	突尼斯	5 358	17	意大利	8 157
18	爱尔兰	5 033	18	俄罗斯	7 383
19	叙利亚	4 227	19	葡萄牙	6 366
20	挪威	4 109	20	匈牙利	6 208

图书在版编目（CIP）数据

中国畜牧兽医统计 . 2019 / 农业农村部畜牧兽医局，全国畜牧总站编 . —北京：中国农业出版社，2019.12
ISBN 978-7-109-26527-1

Ⅰ.①中… Ⅱ.①农… ②全… Ⅲ.①畜牧业-兽医学-卫生统计-中国- 2019 Ⅳ.①S851.67

中国版本图书馆 CIP 数据核字（2020）第 009518 号

中国畜牧兽医统计 2019
ZHONGGUO XUMU SHOUYI TONGJI 2019

中国农业出版社出版
地址：北京市朝阳区麦子店街 18 号楼
邮编：100125
责任编辑：汪子涵
版式设计：韩小丽　　责任校对：吴丽婷
印刷：中农印务有限公司
版次：2019 年 12 月第 1 版
印次：2019 年 12 月北京第 1 次印刷
发行：新华书店北京发行所
开本：720mm×960mm　1/16
印张：13.75　　插页：2
字数：290 千字
定价：100.00 元

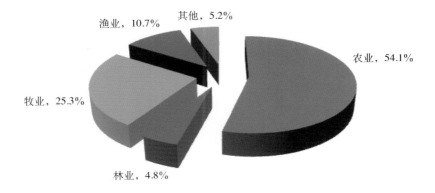

图1 2018年全国农林牧渔业产值比重

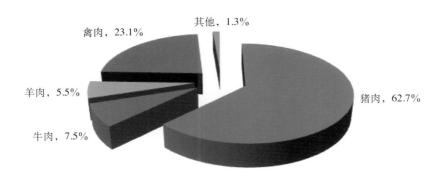

图2 2018年全国肉类产量构成

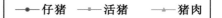

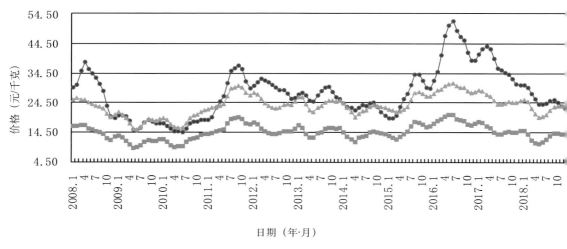

图3 2008—2018年生猪产品价格走势

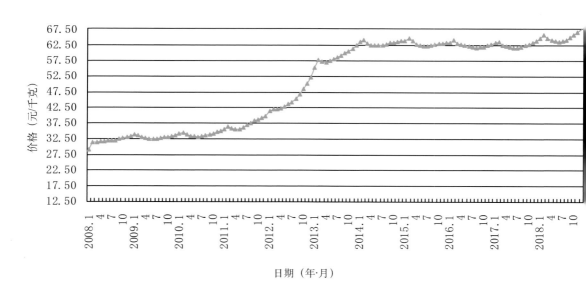

图4 2008—2018年牛肉价格走势

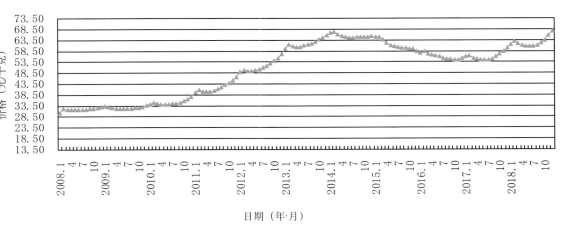

图5　2008—2018年羊肉价格走势

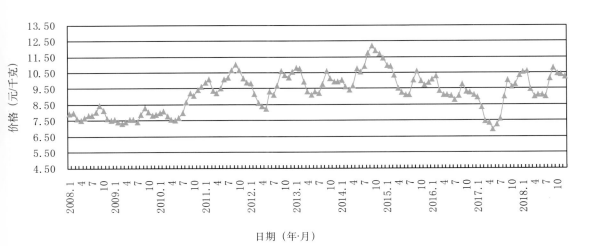

图6　2008—2018年鸡蛋价格走势

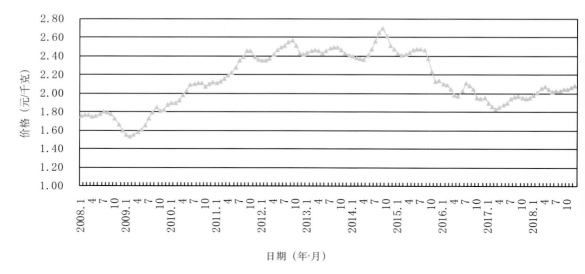

图7 2008—2018年玉米价格走势

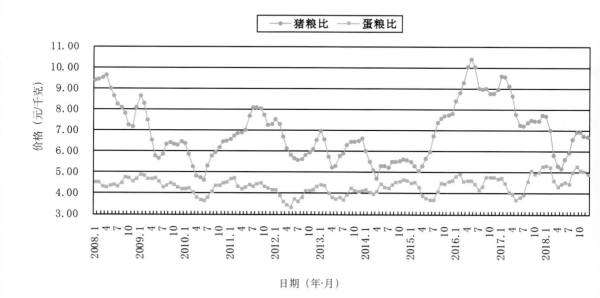

图8 2008—2018年猪粮比、蛋粮比走势